POISSONS
BATRACIENS, REPTILES
ET
MAMMIFÈRES
DE
SYRIE

VOYAGE ZOOLOGIQUE

D'HENRI GADEAU DE KERVILLE EN SYRIE

(AVRIL-JUIN 1908)

TOME QUATRIÈME ET DERNIER

POISSONS

(avec cinq planches)

PAR

le Docteur Jacques PELLEGRIN

BATRACIENS ET REPTILES

(avec une planche et deux figures dans le texte)

PAR

G.-A. BOULENGER

MAMMIFÈRES

PAR

le Docteur E.-L. TROUESSART

ET

Max KOLLMANN

PARIS

J.-B. BAILLIÈRE ET FILS

1923

ÉTUDE SUR LES POISSONS

rapportés par M. Henri Gadeau de Kerville de son voyage zoologique en Syrie

(AVRIL-JUIN 1908) (1)

(avec cinq planches)

Par le Docteur Jacques PELLEGRIN

Docteur ès sciences, Assistant au Muséum national d'Histoire naturelle de Paris

---

Lors de son voyage zoologique en Syrie, M. Henri Gadeau de Kerville a rassemblé une collection de Poissons fort importante dont il a bien voulu me confier l'examen (2).

Les matériaux recueillis sont à la fois remarquables par le nombre des spécimens et par leur excellent état de conservation. On en jugera par ce fait que leur total s'élève à 1900 environ et que plusieurs des espèces étudiées plus loin sont représentées par des séries de quelques centaines d'individus. Quantité de ces beaux échantillons ont enrichi les collections du Muséum national d'Histoire naturelle de Paris.

(1) Cette étude, rédigée avant la guerre, a été revue et mise au point en 1922. Pour différents motifs, sa publication n'a pu avoir lieu plus tôt. Il est inutile de faire ressortir l'intérêt que présente la connaissance de la faune ichthyologique d'un pays sur lequel l'attention de la France est particulièrement portée en ce moment.

(2) M. Henri Gadeau de Kerville tenant à recueillir, pendant son voyage zoologique en Syrie, des animaux appartenant à des groupes très variés, n'a pu capturer, avec l'aide de son ex-préparateur d'histoire naturelle, M. Lucien Horst, qu'une faible partie des Poissons composant cette collection ; tous les autres ont été pris par des pêcheurs.

Le nombre des espèces rencontrées est de 27, réparties en 14 genres et en 5 familles. Une forme est nouvelle pour la science : c'est un joli petit *Phoxinellus* de l'Oronte que je me suis fait un plaisir de dédier à M. Henri GADEAU DE KERVILLE. D'autres espèces rapportées par lui étaient jusqu'ici demeurées fort rares et n'étaient guère connues que par les diagnoses souvent fort sommaires des auteurs qui les avaient signalées les premiers : HECKEL, LORTET, SAUVAGE, pour ne citer que les principaux. Grâce à l'abondance de tous ces matériaux, j'ai pu donner une description complète de plusieurs espèces, faire un certain nombre d'observations concernant le développement, la taxinomie, la variabilité de différentes formes, vérifier quelques assimilations antérieures, notamment celles de Claude GAILLARD au sujet de Cyprinodons.

Enfin, avec une libéralité dont il ne saurait trop être loué, M. Henri GADEAU DE KERVILLE m'a permis de faire représenter les espèces les plus intéressantes par de belles lithographies (1) dues à l'habile crayon de M. BIDEAULT.

Voici la liste des Poissons étudiés dans ce mémoire. Une carte sommaire (pl. I) permet de se rendre compte des principales localités dont ils proviennent.

LISTE DES POISSONS
rapportés de Syrie
par M. Henri Gadeau de Kerville
avec l'indication de leurs provenances

CYPRINIDÆ.

1. *Tylognathus nanus* Heckel. — Hidacharijé (au bord du Barada, près de Damas), Barada, Barada à Ataïbé (à l'est de Damas).

(1) Voir les planches III, IV et V de ce mémoire.

2. *Discognathus lamta* Hamilton Buchanan. — Oronte, lac de Homs.
3. *Discognathus variabilis* Heckel. — Lac de Homs.
4. *Capoeta damascina* Cuvier et Valenciennes. — Lac de Homs.
5. *Capoeta fratercula* Heckel. — Lac de Homs.
6. *Capoeta amir* Heckel. — Lac de Homs.
7. *Capoeta Barroisi* Lortet. — Lac de Homs.
8. *Capoeta syriaca* Cuvier et Valenciennes. — Doummar (près de Damas), environs de Damas, Ararhta (dans l'oasis de Damas).
9. *Barbus barbulus* Heckel. — Lac de Homs.
10. *Barbus rajanorum* Heckel. — Lac de Homs.
11. *Barbus longiceps* Cuvier et Valenciennes. — Lac de Homs.
12. *Barbus pectoralis* Heckel. — Oronte.
13. *Leuciscus tricolor* Lortet. — Barada, Ataïbé (à l'est de Damas).
14. *Phoxinellus Kervillei* Pellegrin. — Oronte.
15. *Phoxinellus syriacus* Lortet. — Mare d'Addous (près de Baalbek), Barada, Ataïbé (à l'est de Damas).
16. *Phoxinellus Libani* Lortet. — Lac de Yamouné (Liban).
17. *Squalius lepidus* Heckel. — Lac de Homs.
18. *Chondrostoma regium* Heckel. -- Lac de Homs.
19. *Alburnus Orontis* Sauvage. — Oronte, lac de Homs.
20. *Nemachilus panthera* Heckel. — Mare d'Addous (près de Baalbek), Barada, Damas, Ataïbé (à l'est de Damas), Koutaïfé (au nord-est de Damas).
21. *Nemachilus insignis* Heckel. — Barada, Kousseir (dans l'oasis de Damas).
22. *Nemachilus argyrogramma* Heckel. — Oronte.

SILURIDÆ.

23. *Macrones aleppensis* Cuvier et Valenciennes. — Oronte, lac de Homs.

ANGUILLIDÆ.

24. *Anguilla vulgaris* Turton. — Lac de Homs.

CYPRINODONTIDÆ.

25. *Cyprinodon cypris* Heckel. — Oronte, mare d'Addous (près de Baalbek), Barada, Damas, Hidachariyé (au bord du Barada, près de Damas), Kousseir (dans l'oasis de Damas), Ataïbé (à l'est de Damas), Djéroud (au nord-est de Damas).

26. *Cyprinodon Sophiæ* Heckel. — Ataïbé (à l'est de Damas).

CICHLIDÆ.

27. *Tilapia Magdalenæ* Lortet. — Ataïbé (à l'est de Damas).

* * *

Une partie des échantillons a été pêchée dans le bassin de l'Oronte, rivière de Syrie qui, comme l'on sait, coule d'abord du sud au nord entre le Liban et l'Anti-Liban, passe à Homs, puis, après un assez long parcours, fait un brusque crochet de l'est à l'ouest, traverse Antioche et se jette dans la Méditerranée. Les Poissons ont été recueillis dans la rivière et dans le lac de Homs (altitude : 490 mètres environ), formé par un barrage artificiel datant des Romains et dont la faune ichthyologique n'était connue jusqu'ici que par les travaux de Th. BARROIS (1). D'autres

(1) Th. BARROIS, Contribution à l'étude de quelques lacs de Syrie, *Revue Biologique du Nord de la France*, VI, 1893-1894, p. 224.

exemplaires ont été récoltés dans le lac de Yamouné (Liban), déjà visité par LORTET, et dans la mare d'Addous, près de Baalbek. De plus, toute une autre série provient des cours d'eau plus ou moins importants avoisinant Damas et qui font partie d'un bassin fermé, sans communication avec la mer. On peut citer comme localités de capture : Damas même (altitude approximative : 690 mètres) et ses environs : Doummar, Hidachariyé, Ararhta, Kousseir. Des exemplaires nombreux ont été pris à une altitude de 650 à 700 mètres dans la rivière Barada, aux environs de Damas, et à l'est de la ville, à Ataïbé, village situé à côté d'un lac : le Bahret el-Ataïbé, le plus grand de ceux qu'on désigne sous le nom de « lacs des prairies » et où se jette le Barada. Enfin, quelques individus ont été pêchés à Koutaïfé et à Djéroud, au nord-est de Damas, sur la route de l'antique Palmyre.

***

Les régions visitées par M. Henri GADEAU DE KERVILLE, bien que peu étendues relativement, ne manquent pas d'intérêt au point de vue ichthyologique. C'est qu'en effet elles représentent un point de contact, un lieu de fusion, entre plusieurs faunes fort différentes.

En ce qui concerne la distribution géographique des Poissons d'eau douce, A. GÜNTHER (1) divise le monde en trois zones (2) : l'une *nord* ou *septentrionale*, l'autre *équatoriale*, la troisième *sud* ou *méridionale*. La première de ces zones comprend une région *nord-américaine* et une région *europo-asiatique* ou paléarctique constituée par l'Europe et tout le nord et le centre de l'Asie.

La zone équatoriale est divisée en deux sections : l'une appelée division *cyprinoïde* à cause de la présence des

(1) A. GÜNTHER. An introduction to the Study of Fishes, Edinburgh. 1880, p. 217.

(2) Voir la planche II de ce mémoire.

Cyprins, Poissons bien connus dont la Carpe est le type, l'autre *acyprinoïde* parce que cette importante famille y fait totalement défaut. La division cyprinoïde est constituée par la région *éthiopienne* ou africaine et par la région *indienne* formée par le sud de l'Asie et une partie de la Malaisie; on distingue dans la division acyprinoïde la région *tropicale américaine* et la région *tropicale pacifique*.

Quant à la zone méridionale ou antarctique, elle comprend la *Tasmanie*, la *Nouvelle-Zélande* et la *Patagonie* (1).

Or, si la Syrie, au point de vue de sa faune ichthyologique, se rattache dans son ensemble à la province méditerranéenne de la région *paléarctique* de Günther, elle a reçu également des apports plus ou moins importants de la zone équatoriale, aussi bien de la région indienne, que de la région éthiopienne. Ces derniers, comme l'a montré Lortet, sont surtout nombreux dans les parties sud, dans le lac de Tibériade, en Palestine; il y a là comme une véritable pointe poussée par la faune nilotique en Asie.

Plus au nord, dans les régions visitées par M. Henri Gadeau de Kerville, ce sont les types européens qui dominent avec certains représentants de la faune indienne. Comme on le voit, on se trouve en pleine ligne de démarcation.

Aussi, un rapide coup d'œil sur les affinités géographiques des différentes formes étudiées ici ne peut manquer d'intérêt. La très grande majorité des espèces sont spéciales à la Syrie, c'est donc seulement la distribution des genres auxquels elles appartiennent qu'il convient d'examiner.

C'est la famille des Cyprinidés, commune à la fois aux trois régions : paléarctique, indienne et africaine, qui tout naturellement est, de beaucoup, la plus richement représentée dans la collection (22 espèces).

(1) Cf. Dr Jacques Pellegrin, Les Poissons des eaux douces de l'Afrique du Nord française (Maroc, Algérie, Tunisie, Sahara), *Mém Soc. Sc. Nat. Maroc*, I, n° 2, 1921, p. 7, fig. 1 et 6.

Le *Tylognathus nanus* Heckel et le *Discognathus lamta* Hamilton Buchanan doivent être considérés comme se rapportant aux formes indiennes. Cependant on connaît aussi plusieurs espèces de *Discognathus* du nord-est de l'Afrique.

Les *Capoeta*, qu'il n'est pas toujours facile de séparer des Barbeaux proprement dits, sont représentés par cinq espèces spéciales à la Syrie. C'est là un genre qui prédomine surtout dans l'ouest de l'Asie.

Le genre *Barbus* ou Barbeau est un des plus vastes de la classe des Poissons ; on rencontre ses représentants en grand nombre, pour ainsi dire dans toutes les eaux tropicales et tempérées de l'Ancien Continent. Les quatre espèces rapportées par M. Henri Gadeau de Kerville, spéciales à la contrée, ont des affinités marquées avec le type ordinaire européen, le Barbeau commun ou Barbillon (*Barbus fluviatilis* Agassiz). Il en est de même des deux espèces appartenant au genre *Leuciscus* et *Squalius* qui se rapprochent des formes bien connues de Gardons et de Chevaines de nos régions.

Les *Phoxinellus* sont des petits Poissons voisins des Vairons que beaucoup d'auteurs, comme Günther et Boulenger, font rentrer dans le genre *Leuciscus*. Ils paraissent présenter actuellement deux centres de différenciation : d'une part la Syrie, d'autre part, dans le nord de l'Afrique, l'est de l'Algérie et la Tunisie. Ce sont donc des Poissons circumméditerranéens.

Le *Chondrostoma regium* Heckel et l'*Alburnus Orontis* Sauvage sont syriens en tant qu'espèces, mais les genres sont largement répandus en Europe et dans tout l'ouest de l'Asie.

Les trois espèces de *Nemachilus* rencontrées sont également particulières à la contrée, mais les Loches ont une extension très vaste, comprenant toute la région paléarctique, le sud de l'Asie et même, en Afrique, l'Abyssinie.

Dans la famille des Siluridés, une seule espèce a été recueillie : le *Macrones aleppensis* Cuvier et Valenciennes, spéciale à l'ouest de l'Asie, mais apparentée à des formes indiennes.

Les deux Cyprinodons récoltés appartiennent à des espèces propres à la Syrie, mais le genre est largement représenté autour de la Méditerranée, aussi bien en Europe qu'en Asie et en Afrique, et compte même un certain nombre d'espèces dans le sud-est des États-Unis, au Mexique et à Cuba.

Une des espèces les plus curieuses au point de vue de la distribution géographique est le *Tilapia Magdalenæ* Lortet. Ce Cichlidé du lac de Tibériade, qui rentre dans un genre exclusivement africain, est un des derniers apports de la région éthiopienne.

La ville de Damas marque certainement l'extrême limite septentrionale de son habitat.

***

Sans vouloir faire un historique complet de tous les auteurs qui se sont occupés des Poissons d'eau douce de la Syrie, il n'est peut-être pas inutile de mentionner les principaux ouvrages consacrés à la faune ichthyologique de cette contrée.

Ce sont les travaux d'Heckel, publiés à partir de 1843 dans le célèbre « *Reisen in Europa, Asien und Afrika* » de Joseph Russegger, qui ont apporté la plus large contribution à nos connaissances sur les Poissons syriens. La plupart des espèces sont déjà nommées et décrites. Beaucoup d'entre elles sont figurées sur les planches du magnifique atlas avec une netteté et une sobre précision qu'on ne retrouve pas toujours dans les recueils plus récents.

Dans la vaste et si complète « *Histoire naturelle des Poissons* » de Cuvier et Valenciennes (1828-1849) ont ensuite pris place les descriptions de quelques espèces de la région.

Plus près de nous, en 1883, le Dr Lortet a publié, à la suite de ses voyages, dans les Archives du Musée de Lyon, un remarquable travail sur les « *Poissons et Reptiles du lac de Tibériade et de quelques autres parties de la Syrie* », qui contient, en dehors de la description et de la représentation d'espèces antérieurement connues, une importante addition à la faune ichthyologique de ce pays.

L'ouvrage de H. B. Tristram « *The Survey of Western Palestine* », paru à Londres l'année suivante, ajoute peu au précédent en ce qui concerne les Poissons.

Au contraire, dans un mémoire récapitulatif paru également en 1884, dans les Nouvelles Archives du Muséum, et intitulé « *Notice sur la faune ichthyologique de l'ouest de l'Asie et plus particulièrement sur les Poissons recueillis par M. Chantre pendant son voyage dans cette région* », le Dr H. E. Sauvage, après un résumé fort exact des connaissances d'alors sur les Poissons de l'ouest de l'Asie, fournit encore la description de plusieurs formes nouvelles dont quelques-unes recueillies dans l'Oronte par le Sous-Directeur du Musée de Lyon.

Reste encore à mentionner la « *Contribution à l'étude de quelques lacs de Syrie* » de Th. Barrois, parue en 1894 dans la Revue Biologique du Nord de la France, et qui, en dehors d'intéressants détails hydrographiques, contient des listes faunistiques précieuses, notamment en ce qui concerne le lac de Homs (1), et une étude de Claude Gaillard « *Sur quelques espèces de Cyprinodons de l'Asie Mineure et de la Syrie* », parue en 1895 dans les Archives du Musée de Lyon.

Tels sont les principaux ouvrages où nous avons puisé pour l'étude des Poissons rapportés de Syrie par M. Henri Gadeau de Kerville. Ce sont eux surtout qui seront cités dans la bibliographie sommaire que nous donnerons à propos de chaque espèce, dans la liste qui va suivre. En outre, nous

(1) Les Poissons signalés par M. Th. Barrois dans le lac de Homs sont : *Capoeta Barroisi* Lortet, *Macrones aleppensis* Günther, *Barbus longiceps* Cuvier et Valenciennes, *B. canis* Cuvier et Valenciennes, *B. luteus* Günther, *B. barbulus* Heckel, *Chondrostoma regium* Günther.

indiquerons le nombre, la provenance, et souvent les dimensions, de tous les spécimens soumis à notre examen. Nous ferons la description complète de l'espèce nouvelle et des espèces peu connues, fournissant sur les autres de multiples renseignements sur leur distribution géographique, leur biologie, leur taxinomie, etc. (1).

Famille des CYPRINIDÆ.

Genre TYLOGNATHUS Heckel.

Tylognathus nanus Heckel.

Pl. IV, fig. 2.

1843. *Tylognathus nanus* Heckel, in Russegger's Reisen, I, p. 1073.

1868. *Tylognathus nanus* Günther, Cat. Fish., VII, p. 64.

Le corps est subcylindrique, sa hauteur est contenue 2 fois 3/4 à 3 fois 3/4 dans la longueur sans la caudale, la longueur de la tête 3 fois 3/4 à 4 fois 1/4. Le museau est arrondi, modérément proéminent. L'œil est supéro-latéral, compris en majeure partie dans la moitié antérieure de la tête et contenu 3 fois 1/4 à 4 fois 1/4 dans la longueur de la tête. La bouche est transverse, sa largeur faisant environ le 1/3 de la longueur de la tête; les mâchoires sont tranchantes, surtout l'inférieure, mais il n'y a pas d'étui corné; les lèvres sont bien développées ; il existe deux paires de barbillons minuscules, les antérieurs tout à fait réduits, les postérieurs plus grands, inférieurs au demi-diamètre de l'œil. On compte 31 à 35 écailles en ligne longitudinale, $\frac{6\ 1/2}{7\ 1/2}$ en ligne transversale, 4 ou 5 entre la ligne latérale et la ventrale, 16 autour du pédicule caudal. La dorsale commence à égale

(1) Une note préliminaire contenant la liste des espèces rencontrées et la description du *Phoxinellus Kervillei* nov. sp. a été donnée par moi. Cf. Dr Jacques Pellegrin, Poissons de Syrie recueillis par M. H. Gadeau de Kerville, *Bull. Soc. Zool. France*, 1911, p. 107.

distance du bout du museau et de l'origine de la caudale et comprend 3 rayons simples et 8 rayons mous, ses plus longs rayons faisant des 2/3 aux 4/5 de la longueur de la tête. L'anale est composée de 2 rayons simples et de 5 mous, qui n'arrivent pas à la caudale. La pectorale, pointue, fait des 2/3 aux 3/4 de la longueur de la tête et n'atteint pas la ventrale; celle-ci s'insère au-dessous ou en arrière de l'origine de la dorsale. Le pédicule caudal est un peu plus long que haut. La caudale est fortement émarginée.

La teinte est olivâtre ou brun jaunâtre en dessus, blanchâtre en dessous, avec des reflets argentés et une bande longitudinale foncée s'étendant du haut de la fente branchiale à l'extrémité du pédicule caudal.

D. III 8; A. II 5; P. 14; V. 8; Sq. $6\frac{1}{2}$ | 31-35 | $7\frac{1}{2}$.

1 exemplaire. Hidachariyé (au bord du Barada, près de Damas).

313 exemplaires. Barada (entre 650 et 700 mètres d'altitude).

112 exemplaires. Longueur : de $44 + 7 = 51$ millimètres à $58 + 12 = 70$ millimètres. Barada à Ataïbé (à l'est de Damas).

La plupart des individus constituant cette belle série sont des adultes. Il y a un grand nombre de femelles pleines, à abdomen rempli d'œufs.

Cette espèce a été décrite très sommairement et non figurée par Heckel, d'après des exemplaires de Damas.

Genre DISCOGNATHUS.

Discognathus lamta Hamilton Buchanan.

1822. *Cyprinus lamta* Hamilton Buchanan, Fishes Ganges, p. 343, 393.

1838. *Discognathus fusiformis* Heckel, in Hügel's Reisen. IV. p. 387.

1843. *Discognathus rufus* Heckel, in Russegger's Reisen, I, p. 1071 pl. 8, fig. 2.

1843. *Discognathus obtusus* Heckel, l. c., I, p. 1072, pl. 8, fig. 3.

1846. *Discognathus crenulatus* Heckel, l. c., II, 3, p. 262.

1868. *Discognathus lamta* Günther, Cat. Fish., VII, p. 69.

1868. *Discognathus macrochir* GÜNTHER, l. c., VII, p. 70.

1878-88. *Discognathus lamta* DAY, Fish. India, p. 527, pl. CXXII, fig. 4, et CXXIII, fig. 1.

1883. *Discognathus lamta* LORTET, Arch. Mus. Lyon, III, p. 159, pl. XVI, fig. 4 et 5.

1884. *Discognathus lamta* TRISTRAM, Survey Western Palestine, p. 172.

1884. *Discognathus rufus* TRISTRAM, l. c., pl. XIX, fig. 3.

13 exemplaires. Oronte, près de sa sortie du lac de Homs (altitude : 490 mètres environ).

9 exemplaires. Lac de Homs (altitude : 490 mètres environ).

Cette espèce, à laquelle GÜNTHER ramène le *Discognathus rufus* Heckel, a une distribution géographique des plus vastes : elle habite non-seulement la Syrie et la Palestine, mais s'étend encore jusqu'à l'Inde continentale, la Birmanie et Ceylan.

Elle présente de nombreuses variations dans les proportions et dans la coloration. Chez les spécimens rapportés par M. Henri GADEAU DE KERVILLE, la longueur de la pectorale est tantôt égale, tantôt inférieure ou supérieure à celle de la tête.

Ces faits justifient l'opinion de DAY qui fait rentrer dans cette espèce le *Discognathus macrochir* Günther.

Discognathus variabilis Heckel.

1843. *Discognathus variabilis* HECKEL, in Russegger's Reisen, I, p. 1069, pl. 8, fig. 1.

1868. *Discognathus variabilis* GÜNTHER, Cat. Fish., VII, p. 71.

1884. *Discognathus variabilis* SAUVAGE, Nouv. Arch. Muséum, 2, VII, p. 23.

1 exemplaire. Lac de Homs (altitude : 490 mètres environ).

Ce Poisson se distingue du précédent par la présence d'une seule paire de barbillons au lieu de deux. Son habitat est notablement moins étendu. Il comprend le Tigre et diverses rivières de Syrie. SAUVAGE le signale à Alep, dans le lac d'Antioche et à Hammah, sur l'Oronte. Th. BARROIS ne l'avait pas rencontré dans le lac de Homs.

Genre CAPOETA.

Capoeta damascina Cuvier et Valenciennes.

1842. *Gobio damascinus* CUVIER et VALENCIENNES, Hist. Poiss., XVI, p. 314, pl. 482.

1843. *Scaphiodon capoeta* HECKEL, in Russegger's Reisen, I, p. 1057, pl. 5, fig. 1 (non GÜLDENSTEIN).

1843. *Scaphiodon socialis* HECKEL, l. c., p. 1061, et II, 2, p. 217, pl. 15, fig. 2.

1861. *Scaphiodon rostratus* KEYSERLING, Zeitschr. ges. Ntrwiss., XVII, p. 7, fig. 3.

1861. *Scaphiodon chebisiensis* KEYSERLING, l. c., p. 5, fig. 2.

1868. *Capoeta damascina* GÜNTHER, Cat. Fish., VII, p. 77.

1883. *Capoeta socialis* LORTET, Arch. Mus. Lyon, III, p. 159, pl. XV, fig. 3.

1883. *Capoeta damascina* LORTET, l. c., III, p. 160, pl. XVI, fig. 1.

1884. *Capoeta damascina* TRISTRAM, Survey Western Palestine, p. 172.

6 exemplaires. Lac de Homs (altitude : 490 mètres environ).

Ce Poisson est fort répandu dans un grand nombre de cours d'eau de la Syrie, de la Palestine et de l'Asie-Mineure. Il n'avait pas encore été signalé dans le lac de Homs, mais à Hammah, sur l'Oronte, par SAUVAGE.

Conformément à l'avis de GÜNTHER et contrairement à celui de LORTET, j'estime que le *Scaphiodon socialis* Heckel doit être ramené à cette espèce.

Capoeta fratercula Heckel.

1843. *Scaphiodon fratercula* HECKEL, in Russegger's Reisen, I, p. 1059, pl. 5, fig. 2.

1868. *Capoeta fratercula* GÜNTHER, Cat. Fish., VII, p. 79.

1883. *Capoeta fraterculа* LORTET, Arch. Mus. Lyon, III, p. 156, pl. XV, fig. 1.

1884. *Capoeta fratercula* TRISTRAM, Survey Western Palestine, p. 173.

4 exemplaires. Lac de Homs (altitude : 490 mètres environ).

Cette espèce est fort voisine de la précédente. Elle est décrite de Damas et, d'après LORTET, serait aussi fort abondante dans les cours d'eau avoisinant Tripoli. Elle n'avait pas encore été signalée dans le lac de Homs.

Capoeta amir Heckel.

1846. *Scaphiodon amir* HECKEL, in Russegger's Reisen, II, 3, p. 258.

1868. *Capoeta amir* GÜNTHER, Cat. Fish., VII, p. 79.

1883. *Capoeta amir* LORTET, Arch. Mus. Lyon, III, p. 158, pl. XV, fig. 2.

3 exemplaires. Lac de Homs (altitude : 490 mètres environ).

Ce Poisson est également très voisin des deux précédents, mais de formes plus allongées.

Capoeta Barroisi Lortet.

Pl. III, fig. 2.

1894. *Capoeta Barroisi* LORTET, in TH. BARROIS, Revue Biol. du Nord de la France, VI, p. 308.

Le corps est comprimé sur les côtés; sa hauteur est contenue 3 fois 1/3 à 4 fois 3/4 dans la longueur sans la caudale, la longueur de la tête 4 fois 1/4 à 4 fois 3/4. Le museau est arrondi, plus ou moins couvert de tubercules. Le diamètre de l'œil est compris 4 fois 1/4 (jeune) à 7 fois (adulte) dans la longueur de la tête, 1 fois 1/2 (jeune) à 2 fois 1/2 dans la longueur du museau, 1 fois 1/2 (jeune) à 3 fois dans l'espace interorbitaire. La bouche est inférieure, transverse, sa largeur est contenue 3 fois (adulte) à 4 fois (jeune) dans la longueur de la tête. Les lèvres sont peu développées, l'inférieure limitée aux côtés de la bouche. A chaque angle buccal se trouve un petit barbillon faisant environ la 1/2 du diamètre de l'œil. On compte 72 à 81 écailles en ligne longitudinale, $\frac{16-18}{20-23}$ en ligne transversale, 9-12 entre la ligne latérale et la ventrale, 28-34 autour du pédicule caudal. Les écailles du ventre, en avant des ventrales, sont très petites, non imbriquées régulièrement. La dorsale commence à égale distance du bout du museau et de l'origine de la caudale; elle est formée de 3 rayons simples, le troisième constitué par une épine forte et courte portant une double rangée de denticulations sur son bord postérieur, et de 9 ou 10 rayons branchus. L'épine de la dorsale est proportionnellement beaucoup plus longue chez le jeune, où elle atteint presque la longueur de la tête, que chez l'adulte où elle en fait seulement la 1/2. Les denticulations également ne s'élèvent que jusqu'aux 2/3 supérieurs de la hauteur chez l'adulte, tandis que chez le jeune elles s'étendent jusqu'en haut de l'épine. La nageoire est un peu plus haute que longue (jeune), plus longue que haute (adulte). L'anale comprend 2 rayons simples et 6 branchus et n'atteint pas la caudale. La pectorale, légèrement arrondie, fait presque la longueur de la tête et finit loin de la ventrale. Celle-ci commence à peine en arrière de l'origine de la dorsale, égale presque la pectorale et n'arrive pas à l'anus. Le pédicule caudal est 1 fois 1/2 à 2 fois aussi long que haut. La caudale est nettement fourchue.

La coloration est ardoisée ou violacée en dessus et sur les côtés; jaunâtre sur le ventre, avec une multitude de petits points bruns sur le corps et les nageoires.

D. III 9-10; A. II 6; P. 15-18; V. 8; Sq. 16-18 | 72-81 | 20-23.

10 exemplaires adultes. Longueur : de 270 + 60 = 330 millimètres à 330 + 90 = 420 millimètres. Lac de Homs (altitude : 490 mètres environ).

2 exemplaires jeunes. Longueur : 98 + 25 = 123 millimètres et 150 + 35 = 185 millimètres. Lac de Homs.

Cette espèce a été sommairement décrite par LORTET d'après des exemplaires pêchés dans le lac de Homs et un autre pris dans l'Oronte à Antioche. Elle est très voisine du *Scaphiodon trutta* Heckel, du Tigre et de Syrie. Les formes jeunes surtout, que j'ai pu avoir en ma possession dans la belle série rapportée par M. Henri Gadeau de Kerville, se rapprochent beaucoup du Poisson décrit par Heckel. Toutefois, même chez ces animaux, l'épine de la dorsale ne dépasse pas la longueur de la tête, tandis qu'elle est beaucoup plus longue chez le *Scaphiodon trutta* Heckel.

Capoeta syriaca Cuvier et Valenciennes.

1844. *Chondrostoma syriacum* Cuvier et Valenciennes, Hist. Poiss., XVII, p. 407, pl. 514.

1868. *Capoeta syriaca* Günther, Cat. Fish., VII, p. 81.

1883. *Capoeta syriaca* Lortet, Arch. Mus. Lyon, III, p. 155, pl. XIV.

4 exemplaires. Doummar (près de Damas).
54 exemplaires. Environs de Damas.
6 exemplaires. Longueur du plus grand : 320 + 75 = 395 millimètres. Ararhta (dans l'oasis de Damas).

Cette espèce a un habitat assez étendu ; elle se rencontre dans la péninsule du mont Sinaï, en Palestine, en Syrie et, en Mésopotamie, dans le Tigre. Elle atteint 50 centimètres de longueur.

L'épine de la dorsale est extrêmement faible ; on peut constater toutefois que chez les individus peu âgés, jusqu'à une taille d'une vingtaine de centimètres de longueur environ, la partie inférieure et postérieure de l'épine dorsale porte encore des denticulations fort nettes ; celles-ci disparaissent complètement chez les plus grands spécimens.

Genre BARBUS.

Barbus barbulus Heckel.

Pl. III, fig. 1.

1846. *Barbus barbulus* Heckel, in Russegger's Reisen, II, 3, p. 256.

1868. *Barbus barbulus* Günther, Cat. Fish., VII, p. 87.

1884. *Barbus barbulus* SAUVAGE, Nouv. Arch. Muséum, 2, VII, p. 28, pl. III, fig. 2.

11 exemplaires. Lac de Homs (altitude : 490 mètres environ).

Cette espèce est décrite d'après des spécimens de la rivière Kara-Agatsch (Perse) et de la rivière Kneik, près d'Alep. SAUVAGE l'a signalée dans l'Oronte à Hammah et à Antioche. Chez les petits spécimens, les lèvres sont assez développées sans présenter toutefois rien d'anormal, comme j'ai pu le constater sur des individus mesurant 150 à 180 millimètres, pris par M. CHANTRE dans le canal de l'Oronte à Antioche. Au contraire, sur les gros individus, comme celui représenté dans ce mémoire (pl. III, fig. 1), et dont la longueur est de 320 + 60 = 380 millimètres, les lèvres prennent un développement véritablement extraordinaire, aussi bien la lèvre supérieure qui forme une vaste membrane en haut et sur les côtés, que la lèvre inférieure constituée par un lobe médian et deux lobes latéraux. Il est curieux de voir ainsi se différencier les lèvres en organes tactiles dans une espèce déjà bien dotée sous le rapport des barbillons.

L'hypertrophie des lèvres n'est pas rare toutefois dans le genre *Barbus*. C'est ainsi que sur les 245 espèces africaines de Barbeaux récemment admises par BOULENGER (1), il n'y en a pas moins d'une quinzaine qui présentent un développement plus ou moins considérable des lèvres. Les plus curieuses sous ce rapport sont : le *Barbus nedgia* Rüppell, du lac Tsana et du Nil bleu, le *Barbus labiatus* Boulenger, de la rivière Mathoiya (Kénia), le *Barbus zambesensis* Peters, du Zambèze, le *Barbus lobochilus* Boulenger, du Natal, le *Barbus mentalis* Gilchrist et Thompson et le *Barbus mfongosi* Gilchrist et Thompson, de l'Afrique australe (2).

(1) G. A. BOULENGER, Catalogue of the Fresh-water Fishes of Africa, II, 1911, p. 1, et IV, 1916, p. 223.

(2) Moi-même j'ai signalé récemment (*Bull. Mus. Hist. nat.*, 1920, n° 7, p. 612), sous le nom de *Barbus setivimensis* Cuvier et Valenciennes var. *labiosa* var. nov., une remarquable hypertrophie labiale chez un Barbeau de l'Afrique du Nord.

Parmi les Barbeaux asiatiques, on doit mentionner le *Barbus tor* Hamilton Buchanan comme possédant également des lèvres volumineuses.

Il est intéressant de constater, d'après la série des individus du Muséum, recueillis par M. Chantre, puis par M. Henri Gadeau de Kerville, que cette hypertrophie labiale ne se produit nettement que chez les individus d'un certain âge.

Barbus rajanorum Heckel.

1843. *Barbus rajanorum* Heckel, in Russegger's Reisen, I, p. 1049.

1846. *Barbus rajanorum* Heckel, l. c., II, 3, p. 209, pl. 14, fig. 1.

1868. *Barbus rajanorum* Günther, Cat. Fish., VII, p. 88.

La hauteur du corps est contenue 4 fois dans la longueur, la longueur de la tête 4 fois 1/2. Le museau est arrondi. Le diamètre de l'œil est compris 6 fois dans la longueur de la tête, 2 fois 1/2 dans l'espace interorbitaire qui égale la longueur du museau. La bouche est inférieure. Les lèvres sont fortes, l'inférieure largement interrompue en dessous. Il existe deux paires de barbillons; les barbillons antérieurs et postérieurs sont égaux et font environ la longueur du diamètre de l'œil. On compte 57 écailles en ligne longitudinale, $\frac{12\ 1/2}{13\ 1/2}$ en ligne transversale, 7 entre la ligne latérale et la ventrale, 24 autour du pédicule caudal. La dorsale, un peu plus haute que longue, possède 3 rayons simples dont une épine finement denticulée postérieurement et mesurant les 2/3 de la tête, et 8 rayons branchus. L'anale est formée de 3 rayons simples et de 6 branchus [1] et arrive presque à la caudale. La pectorale, légèrement arrondie, fait les 4/5 de la tête et se termine bien avant la ventrale. Celle-ci commence sous le deuxième rayon branchu de la dorsale et n'atteint pas l'anus. Le pédicule caudal est 1 fois 1/3 aussi long que haut. La caudale est fourchue.

La teinte générale est gris argenté, le ventre blanchâtre.

(1) Le dernier compté pour deux.

D. III 8; A. III 6; P. 18; V. 9; Sq. $12\frac{1}{2} | 57 | 13\frac{1}{2}$.

1 exemplaire. Longueur : 280 + 55 = 335 millimètres. Lac de Homs (altitude : 490 mètres environ).

Cette espèce, sommairement décrite par Heckel, n'était connue que d'Alep. Elle est voisine du *Barbus barbulus* Heckel.

Barbus longiceps Cuvier et Valenciennes.

1842. *Barbus longiceps* Cuvier et Valenciennes, Hist. Poiss., XVI, p. 179, pl. 467.

1868. *Barbus longiceps* Günther, Cat. Fish., VII, p. 91.

1883. *Barbus longiceps* Lortet, Arch. Mus. Lyon, III, p. 163, pl. XIII, fig. 1.

1884. *Barbus longiceps* Tristram, Survey Western Palestine, p. 174, pl. XX, fig. 2.

1 exemplaire. Longueur : 270 + 60 = 330 millimètres. Lac de Homs (altitude : 490 mètres environ).

Je crois pouvoir rapporter à cette espèce, connue du lac de Galilée et du Jourdain, cet individu adulte que m'a communiqué M. Henri Gadeau de Kerville. La longueur de la tête est comprise un peu moins de 4 fois dans la longueur du corps sans la caudale et les formules sont les suivantes :

D. III 8; A. III 6; P. 17; V. 9; Sq. $10\frac{1}{2} | 56 | 12\frac{1}{2}$.

On compte 6 écailles entre la ligne latérale et l'origine de la ventrale, 24 autour du pédicule caudal. Les lèvres sont beaucoup moins développées que chez le *Barbus barbulus* Heckel, espèce assurément très voisine.

Barbus pectoralis Heckel.

Pl. IV, fig. 3.

1843. *Barbus pectoralis* Heckel, in Russegger's Reisen, I, p. 1045, pl. 2, fig. 2.

La hauteur du corps est contenue 3 fois 2/3 dans la longueur sans la caudale, la longueur de la tête près de 4 fois. Le museau est arrondi (1), sa longueur égale l'espace interorbitaire. Le diamètre de l'œil est contenu 4 fois dans la longueur de la tête, 1 fois 1/2 dans l'espace interorbitaire. La bouche est subinférieure. Les lèvres sont ordinairement développées, l'inférieure largement interrompue en dessous. Il y a deux barbillons de chaque côté, l'antérieur un peu plus court, le postérieur égalant le diamètre de l'œil. On compte 49 ou 50 écailles en ligne longitudinale, $\frac{10\ 1/2}{13\ 1/2}$ en ligne transversale, 7 entre la ligne latérale et la ventrale, 22 autour du pédicule caudal. Les écailles du ventre sont très petites en avant. La dorsale possède 3 rayons simples dont une épine fortement denticulée postérieurement, faisant les 3/5 de la longueur de la tête, et 8 rayons branchus; elle commence à égale distance du bout du museau et de l'origine de la caudale. L'anale comprend 3 rayons simples et 6 branchus et n'atteint pas la caudale. La pectorale fait des 2/3 aux 3/4 de la longueur de la tête et n'arrive pas à la ventrale. Celle-ci commence sous l'origine de la dorsale et n'atteint pas l'anus. Le pédicule caudal est 1 fois 1/4 à 1 fois 1/3 aussi long que haut. La caudale est fourchue.

La coloration est olivâtre sur le dos, argentée sur les côtés, blanche sur le ventre.

D. III 8; A. III 6; P. 18; V. 9; Sq. $10\frac{1}{2}$ | 49-50 | $13\frac{1}{2}$.

2 exemplaires. Longueur : 98 + 26 = 124 millimètres et 108 + 24 = 132 millimètres. Oronte, à sa sortie du lac de Homs (altitude : 490 mètres environ).

Cette espèce, déjà signalée par HECKEL dans l'Oronte, n'avait jamais été complètement décrite.

(1) L'un des deux individus rapportés par M. Henri GADEAU DE KERVILLE a le museau camus, très arrondi, une bouche infère légèrement atrophiée. C'est là une anomalie, non un caractère spécifique.

Genre LEUCISCUS.

Leuciscus tricolor Lortet.

1883. *Leuciscus tricolor* LORTET, Arch. Mus. Lyon, III, p. 166, pl. XII, fig. 2.

1884. *Leuciscus tricolor* TRISTRAM, Survey Western Palestine, p. 176.

61 exemplaires. Barada (entre 650 et 700 mètres d'altitude).

56 exemplaires. Longueur : de 62 + 13 = 75 millimètres à 120 + 25 = 145 millimètres. Ataïbé (à l'est de Damas).

Cette espèce, d'après LORTET, habite les lacs à l'est de Damas. Elle est souvent apportée sur le marché de cette ville, car elle est très répandue. Les plus grands individus vus par cet auteur atteignaient seulement 8 centimètres 1/2 de longueur, caudale comprise. On voit que ce Poisson arrive à une taille beaucoup plus considérable, puisque certains des échantillons rapportés par M. Henri GADEAU DE KERVILLE approchent de 15 centimètres.

Genre PHOXINELLUS.

Phoxinellus Kervillei Pellegrin.

Pl. IV, fig. 1.

1911. *Phoxinellus Kervillei* PELLEGRIN, Bull. Soc. Zool. France, p. 109.

La hauteur du corps égale la longueur de la tête et est contenue 3 fois 1/2 à 4 fois dans la longueur sans la caudale. L'œil est compris 2 fois 1/2 (très jeune) à 3 fois 1/3 dans la longueur de la tête; son diamètre égale l'espace interorbitaire et est supérieur à la longueur du museau. Le museau est obtus, la bouche est antérieure, s'étendant jusqu'au-dessous du bord antérieur de l'œil; les mâchoires sont presque égales, l'inférieure plutôt un peu proéminente. Les branchiospines sont courtes, au nombre de 7 à la base du premier arc branchial. Il existe une pseudobranchie. Les dents pharyngiennes unisériées, crochues, sont au nombre de 5-4. Le corps est entièrement recouvert d'écailles imbriquées. On compte 37 à 42 écailles en ligne longitudinale, $\frac{9\text{-}10}{7\text{-}8}$ en ligne transversale, 4 entre la ligne latérale et la ventrale, 18 autour du pédicule caudal. La ligne latérale est incomplète, ne dépassant pas la fin de la dorsale. Cette nageoire commence légèrement en arrière de l'insertion des ventrales et comprend 2 rayons simples dont l'un rudimentaire et 9 rayons branchus. L'anale est composée de 2 rayons simples et de 8 branchus. La pectorale fait environ les 2/3 de la longueur de la tête et n'atteint pas la ventrale. Celle-ci n'arrive pas à l'anale. Le pédicule caudal est 1 fois 1/2 aussi long que haut. La caudale est nettement fourchue.

La coloration est brun jaunâtre sur le dos, argentée sur les côtés, avec une bande longitudinale médiane plus sombre, terminée par un point noir sur la base de la caudale. Toutes les nageoires sont uniformément grisâtres.

D. II 9; A. II 8; P. 13; V. 8; Sq. 9-10 | 37-42 | 7-8.

N° 10. 18-19. Col. Mus. — Oronte, près de sa sortie du lac de Homs (altitude : 490 mètres environ) (Syrie). Henri GADEAU DE KERVILLE.

2 exemplaires. Longueur : 35 + 7 = 42 millimètres et 36 + 8 = 44 millimètres (*Types*).

11 exemplaires. Longueur : de 11 + 3 = 14 millimètres à 18 + 4 = 22 millimètres.

En donnant au genre *Phoxinellus* d'HECKEL (1) une certaine extension, y comprenant à la fois des espèces à ligne latérale complète et d'autres à ligne latérale incomplète,

(1) HECKEL, in Russegger's Reisen, I, 1843, p. 1039.
Beaucoup d'auteurs considèrent les *Phoxinellus* comme un simple sous-genre des *Leuciscus*, certains même ne les séparent pas.

mais en en extrayant, à la suite de BLEEKER (1) et de GÜNTHER (2), les Poissons à écailles seulement le long de la ligne latérale, comme le *Phoxinellus alepidotus* Heckel (3), ou à écailles non imbriquées régulièrement, comme le *Phoxinellus croaticus* Steindachner (4), pour lesquels la formation du genre *Paraphoxinus* Bleeker paraît justifiée, on peut admettre que trois espèces de *Phoxinellus* se rencontrent dans les mêmes régions que la forme décrite ici :

Le *Phoxinellus Zeregi* Heckel (5), d'Alep et des lacs de Galilée, à écailles beaucoup plus petites, à ligne latérale complète, non recueilli par M. Henri GADEAU DE KERVILLE.

Le *Phoxinellus Libani* Lortet, du lac de Yamouné (Liban), dont M. Henri GADEAU DE KERVILLE a rapporté plusieurs échantillons. Chez ce Poisson, les écailles sont aussi plus nombreuses en ligne longitudinale, la dorsale commence au-dessus de l'insertion de la ventrale.

Le *Phoxinellus syriacus* Lortet, des lacs à l'est de Damas et des environs de Baalbek, dont M. Henri GADEAU DE KERVILLE a rassemblé une magnifique série et qui, décrit primitivement comme un *Rhodeus*, me semble, ainsi qu'on le verra plus loin, devoir plutôt être placé avec les *Phoxinellus*. Chez cette espèce, les écailles sont plus nombreuses en ligne longitudinale; la dorsale commence très en arrière de l'insertion de la ventrale.

Le *Phoxinellus Kervillei* Pellegrin se rapproche beaucoup, par les formules de ses écailles et de ses nageoires, du *Phoxinellus Chaignoni* Vaillant (6), du nord-ouest de la Tunisie et de la région de Biskra; toutefois, dans cette dernière espèce, la ligne latérale est complète. Il en est de

(1) BLEEKER, Atlas ichth., III, 1861, Cyprinidés, p. 31.
(2) GÜNTHER, Cat. Fish. Brit. Mus., VII, 1868, p. 263.
(3) HECKEL, op. cit., I, p. 1040.
(4) STEINDACHNER, *Sitz. Ak. Wiss. Wien*, 1865, LII, p. 594, fig.
(5) HECKEL, op. cit., I, p. 1063, pl. 6, fig. 3.
(6) VAILLANT, *Bull. Mus. Paris*, 1904, p. 188.

même chez les trois autres Phoxinelles connues de l'Afrique du Nord : le *Phoxinellus callensis* Guichenot (1), du nord de l'Algérie et du nord-ouest de la Tunisie, le *Phoxinellus Guichenoti* Pellegrin (2), récemment décrit d'après des spécimens de La Calle (Algérie), et le *Phoxinellus punicus* Pellegrin (3), établi sur des exemplaires de l'oued Guédouaiяria, dus à M. H. DE CHAIGNON, et d'autres récoltés dans l'oued Lendjas (région d'Aïn-Draham), aussi en Khroumirie, par M. Henri GADEAU DE KERVILLE (4).

Le tableau ci-dessous permettra de distinguer entre elles les espèces du genre *Phoxinellus* de l'Afrique du Nord, de Syrie et d'Asie-Mineure.

I. Ligne latérale complète :

Écailles. L. long. 57-66. Anale 9 rayons. *P. Zeregi* Heckel.
— 60-68. — 13-14.... *P. punicus* Pellegrin.
— 43-50. — 12-15.... *P. callensis* Guichenot.
— 37-43. — 10-11.... *P. Chaignoni* Vaillant.
— 34-37. — 11-12.... *P. Guichenoti* Pellegrin.

II. Ligne latérale incomplète :

1. Dorsale commençant en arrière des ventrales :

Écailles. L. long. 37-42. Anale 10 rayons. *P. Kervillei* Pellegrin.
— 45-49. — 9-10..... *P. syriacus* Lortet.

2. Dorsale commençant au-dessus des ventrales :

Écailles. L. long. 48-55................ *P. Libani* Lortet.

Phoxinellus syriacus Lortet.

1883. *Rhodeus syriacus* LORTET, Arch. Mus. Lyon, III, p. 168, pl. XII, fig. 3.

1884. *Rhodeus syriacus* TRISTRAM, Survey Western Palestine, p. 176.

(1) GUICHENOT, Explor. Sc. Algérie, Poiss., 1850, p. 94, pl. VII, fig. 2.

(2) PELLEGRIN, *Bull. Mus. Paris*, 1920, p. 372.

(3) PELLEGRIN, ibid., p. 374.

(4) Ces spécimens avaient été d'abord rapportés au *Leuciscus* ou *Phoxinellus Chaignoni* Vaillant. Cf. Henri GADEAU DE KERVILLE, Voyage zoologique en Khroumirie, 1908, p. 93.

3 exemplaires. Longueur : 79 + 15 = 94, 89 + 19 = 108, 91 + 19 = 110 millimètres. Mare d'Addous [entre 1100 et 1200 mètres d'altitude, dans la vallée de la Békaa (Cœlésyrie), près de Baalbek].

71 exemplaires. Barada (entre 650 et 700 mètres d'altitude).

2 exemplaires. Ataïbé (à l'est de Damas).

Cette espèce a été décrite par Lortet comme rentrant dans le genre *Rhodeus*. La brièveté de la nageoire anale, qui est composée de 3 rayons simples et de 6 ou 7 branchus, ne me permet pas d'adopter cette manière de voir. On a certainement affaire à un Poisson du groupe des Leucisciniens et sa place paraît indiquée parmi les *Phoxinellus*.

Ce Poisson, d'après Lortet, habite les lacs de l'est de Damas : le Bahret el-Ateibeh, le Bahret el-Hidjaneh et le Bahret Bâla, ainsi que la source de Baalbek dans la Cœlésyrie. C'est, comme on le voit, dans les mêmes localités qu'il a été retrouvé en abondance.

La Phoxinelle de Syrie n'atteint pas une grande taille. Lortet lui donne comme longueur maximum 9 centimètres 1/2. L'un des individus rapportés de la mare d'Addous par M. Henri Gadeau de Kerville atteint un peu plus : 11 centimètres.

Phoxinellus Libani Lortet.

1883. *Phoxinellus Libani* Lortet, Arch. Mus. Lyon. III, p. 164, pl. XI, fig. 4.

1884. *Phoxinellus Libani* Tristram, Survey Western Palestine, p. 175.

11 exemplaires. Lac de Yamouné (Liban).

C'est de cette même localité que provenaient les types décrits par Lortet.

« Cette charmante petite espèce se trouve en quantité innombrable, écrit-il, dans le lac alpestre de Yammouni, situé à l'altitude de 1650 mètres, sur le versant sud du

5

Liban, entre Afka et la plaine de Baalbek. Lorsque le lac de Yammouni se vide par un écoulement intermittent qui a lieu chaque année à la même époque, les *Phoxinellus Libani* se réunissent dans les ruisseaux d'alentour et dans le réservoir central qui reste toujours rempli d'une eau limpide. Là, les habitants du petit hameau de Yammouni les pêchent par milliers de kilogrammes et les vendent dans les villages et les couvents du pays de Becharra, dans le Liban, à raison de 0 f. 40 à 0 f. 50 le *battle* (cinq livres). Sa prodigieuse multiplication, dans l'espace de quelques mois, semblerait indiquer qu'il est le seul habitant des eaux du lac et qu'il n'a pas d'autres ennemis que l'Homme. »

Genre SQUALIUS.

Squalius lepidus Heckel.

1843. *Squalius lepidus* Heckel, in Russegger's Reisen, I, p. 1079, pl. 10, fig. 2.

1868. *Leuciscus lepidus* Günther, Cat. Fish., VII, p. 226.

1883. *Leuciscus lepidus* Lortet, Arch. Mus. Lyon, III, p. 167, pl. XIII, fig. 3.

1884. *Leuciscus lepidus* Tristram, Survey Western Palestine, p. 175.

10 exemplaires. Lac de Homs (altitude : 490 mètres environ).

Cette espèce a d'abord été connue du Tigre. Elle n'avait pas encore été signalée dans le lac de Homs.

Genre CHONDROSTOMA.

Chondrostoma regium Heckel.

1843. *Chondrochilus regius* Heckel, in Russegger's Reisen, I, p. 1077, pl. 9, fig. 3.

1846. *Chondrostoma regia* Heckel, l. c., II, 3, p. 278, 289.

1868. *Chondrostoma regium* Günther, Cat. Fish., VII, p. 273.

1884. *Chondrostoma regium* SAUVAGE, Nouv. Arch. Muséum, 2, VII, p. 37.

1921. *Chondrostoma regium* MATHIAS, Mém. Soc. Zool. France, XXVIII, p. 16.

132 exemplaires. Lac de Homs (altitude : 490 mètres environ).

Les types décrits par HECKEL venaient de l'Oronte et du Tigre. D'après SAUVAGE, l'espèce se rencontrerait aussi à Tiflis. Ce Poisson a déjà été signalé dans le lac de Homs par Th. BARROIS.

Genre ALBURNUS.

Alburnus Orontis Sauvage.

1884. *Alburnus Orontis* SAUVAGE, Nouv. Arch. Muséum, 2, VII, p. 38, pl. 1, fig. 3.

3 exemplaires jeunes. Oronte.
41 exemplaires. Lac de Homs (altitude : 490 mètres environ).

Ce Poisson a été décrit par SAUVAGE d'après des exemplaires de Hammah, sur l'Oronte. Il n'avait pas été signalé dans le lac de Homs.

Genre NEMACHILUS.

Nemachilus panthera Heckel.

Pl. V, fig. 1.

1843. *Cobitis panthera* HECKEL, in Russegger's Reisen, 1, p. 1087, pl. 12, fig. 2.

1846. *Cobitis leopardus* HECKEL, l. c., II, p. 241, pl. 18, fig. 4.

1868. *Nemachilus panthera* GÜNTHER, Cat. Fish., VII, p. 355.

6 exemplaires. Mare d'Addous [entre 1100 et 1200 mètres d'altitude, dans la vallée de la Békaa (Cœlésyrie), près de Baalbek].
3 exemplaires. Barada (entre 650 et 700 mètres d'altitude).

1 exemplaire. Damas (à l'altitude de 690 mètres environ).
7 exemplaires. Ataïbé (à l'est de Damas).
79 exemplaires. Koutaïfé (au nord-est de Damas).

Cette espèce est fort répandue dans toute la région de Damas. GÜNTHER réunit les deux espèces d'Heckel : *Cobitis panthera* et *Cobitis leopardus*, et cette assimilation semble justifiée, car on trouve toutes les transitions entre les deux formes. Néanmoins, il y aurait peut-être lieu de distinguer deux variétés : l'une à grandes taches (*Nemachilus panthera* Heckel var. *leopardus* Heckel) (pl. V, fig. 1), l'autre à petites taches (*N. panthera* Heckel). La forme de la nageoire caudale varie avec l'âge; celle-ci est légèrement émarginée chez les jeunes individus, tronquée et même arrondie chez les sujets âgés.

Nemachilus insignis Heckel.

1843. *Cobitis insignis* HECKEL, in Russegger's Reisen, I, p. 1087, pl. 12, fig. 3.
1868. *Nemachilus insignis* GÜNTHER, Cat. Fish., VII, p. 359.
1883. *Nemachilus insignis* LORTET, Arch. Mus. Lyon, III, p. 173.
1884. *Nemachilus insignis* TRISTRAM, Survey Western Palestine, p. 177, pl. XIX, fig. 2.

25 exemplaires. Barada (entre 650 et 700 mètres d'altitude).
2 exemplaires jeunes. Kousseir (dans l'oasis de Damas).

Cette Loche est fort répandue en Syrie.

Nemachilus argyrogramma Heckel.

1846. *Cobitis argyrogramma* HECKEL, in Russegger's Reisen, II, p. 239, pl. 18, fig. 3.
1868. *Nemachilus argyrogramma* GÜNTHER, Cat. Fish., VII, p. 359.

2 exemplaires. Oronte.

Ce Poisson a été d'abord signalé d'Alep. SAUVAGE le mentionne à Biredjik, dans l'Euphrate.

Famille des SILURIDÆ.

Genre MACRONES.

Macrones aleppensis Cuvier et Valenciennes.

1839. *Bagrus halepensis* Cuvier et Valenciennes, Hist. Poiss., XIV, p. 413.

1843. *Bagrus halepensis* Heckel, in Russegger's Reisen, I, p. 1091, pl. 13, fig. 2.

1864. *Macrones aleppensis* Günther, Cat. Fish., V, p. 75.

2 exemplaires. Oronte.
10 exemplaires. Lac de Homs (altitude : 490 mètres environ).

Ce Silure habite Alep, le canal de l'Oronte et le lac d'Antioche. Il est déjà signalé par Th. Barrois dans le lac de Homs.

Famille des ANGUILLIDÆ.

Genre ANGUILLA.

Anguilla vulgaris Turton.

1766. *Murœna anguilla* Linné, Syst. Nat., I, p. 426.

1807. *Anguilla vulgaris* Turton, Brit. Faun., p. 87.

1849. *Anguilla nilotica* Heckel, Russegger's Reise Egypt., III, p. 313.

1856. *Anguilla microptera* Kaup, Cat. Apod. Fish., p. 36, fig. 21.

1870. *Anguilla vulgaris* Günther, Cat. Fish., VIII, p. 28.

1883. *Anguilla vulgaris* Lortet, Arch. Mus. Lyon, III, p. 179.

1884. *Anguilla vulgaris* Tristram, Survey Western Palestine, p. 177.

1884. *Anguilla vulgaris* Sauvage, Nouv. Arch. Muséum, 2, VII, p. 40.

1907. *Anguilla vulgaris* Boulenger, Fishes of Nile, p. 402, fig. 30.

1915. *Anguilla vulgaris* Boulenger, Cat. Fr. Fish. Africa, III, p. 4, fig. 3.

4 exemplaires. Longueur du plus grand spécimen : 880 millimètres. Lac de Homs (altitude : 490 mètres environ).

La distribution géographique de l'Anguille vulgaire est des plus vastes, comprenant le nord de l'Atlantique et la Méditerranée. Cette espèce remonte dans la plupart des rivières de l'Europe et du nord de l'Afrique, sauf toutefois dans celles se jetant dans la mer Noire et la Caspienne.

L'Anguille vulgaire a été signalée à Lattaquieh, dans le lac d'Antioche, à Tripoli, etc.

W. Thomson (1), indiquant, dès 1848, que le lac de Homs était très poissonneux, mentionnait déjà l'Anguille parmi les Poissons qu'on y rencontrait.

Cette assertion n'a pas été admise dans la suite par Th. Barrois : « J'ai bien peine à croire, écrit-il (2), que l'Anguille puisse remonter jusque dans le lac de Homs : la haute digue de basalte qui barre l'entrée septentrionale du lac doit constituer pour elle un insurmontable obstacle. »

M. Henri Gadeau de Kerville a rapporté quatre magnifiques échantillons de ce Poisson, qui lui ont été vendus, dans cette localité, comme provenant du lac en question.

Famille des CYPRINODONTIDÆ.

Genre CYPRINODON.

Cyprinodon cypris Heckel.

Pl. V, fig. 4 et 5.

1843. *Lebias cypris* Heckel, in Russegger's Reisen, I, p. 1090, II, 3, p. 242, pl. 19, fig. 1.

1843. *Lebias mento* Heckel, l. c., I, p. 1089, pl. 6, fig. 4.

1846. *Cyprinodon mento* Cuvier et Valenciennes, Hist. Poiss., XVIII, p. 171.

1866. *Cyprinodon cypris* Günther, Cat. Fish., VI, p. 304.

(1) W. Thomson, Journal from Aleppo, etc., *Bibliotheca sacra nova*, vol. V, N° XX, 1848.

(2) Th. Barrois, *Revue Biologique du Nord de la France*, VI, 1893-1894, p. 309.

1866. *Cyprinodon mento* GÜNTHER, l. c., p. 305.

1883. *Cyprinodon cypris* LORTET, Arch. Mus. Lyon, III, p. 174, pl. X, fig. 3.

1884. *Cyprinodon cypris* TRISTRAM, Survey Western Palestine, p. 171.

1884. *Cyprinodon mento* TRISTRAM, l. c., p. 171.

1895. *Cyprinodon cypris* GAILLARD, Arch. Mus. Lyon, VI, p. 5, fig. 1 à 3.

1 exemplaire. Oronte.

337 exemplaires. Mare d'Addous [entre 1100 et 1200 mètres d'altitude, dans la vallée de la Békaa (Cœlésyrie), près de Baalbek].

1 exemplaire. Barada (entre 650 et 700 mètres d'altitude).

71 exemplaires. Damas (à l'altitude de 690 mètres environ).

1 exemplaire. Hidachariyé (au bord du Barada, près de Damas, entre 650 et 700 mètres d'altitude).

27 exemplaires. Kousseir (dans l'oasis de Damas).

122 exemplaires. Ataïbé (à l'est de Damas).

126 exemplaires. Djéroud (au nord-est de Damas).

Claude GAILLARD, qui a donné une monographie fort complète des Cyprinodontidés de l'Asie-Mineure et de la Syrie, considère les exemplaires décrits par HECKEL sous le nom de *Lebias mento* comme des jeunes du *Cyprinodon cypris* du même auteur. Cette assimilation semble exacte.

Le dimorphisme sexuel est des plus accentués dans cette espèce. GAILLARD a donné la description du mâle, de la femelle et du jeune.

Les différences de coloration sont souvent assez considérables. C'est ainsi que dans la magnifique série de spécimens recueillie par M. Henri GADEAU DE KERVILLE dans la mare d'Addous, près de Baalbek, on distingue, parmi les mâles, des individus atteints de mélanisme, à livrée brun chocolat presque noire, d'autres, au contraire, de teinte beaucoup plus claire, olivâtre ou gris jaunâtre. Chez les femelles existent des taches brunes entremêlées de taches argentées. Celles-ci se réunissent parfois plus ou moins et arrivent à constituer, notamment chez les individus de Djéroud, des vermiculations. L'autopsie démontre qu'il s'agit bien de femelles à ovaires remplis d'œufs volumineux.

L'espèce habite le Jourdain, les environs de Jéricho, les régions de Damas et de Baalbek, l'Oronte et Mossoul.

Cyprinodon Sophiæ Heckel.

Pl. V, fig. 2 et 3.

1846. *Lebias Sophiæ* HECKEL, in Russegger's Reisen, II, 3, p. 267, pl. 22, fig. 2.

1846. *Lebias punctatus* HECKEL, l. c., II, 3, p. 268, pl. 22, fig. 3.

1846. *Lebias crystallodon* HECKEL, l. c., II, 3, p. 269, pl. 22, fig. 4.

1866. *Cyprinodon Sophiæ* GÜNTHER, Cat. Fish., VI, p. 304.

1866. *Cyprinodon punctatus* GÜNTHER, l. c., p. 305.

1883. *Cyprinodon Sophiæ* LORTET, Arch. Mus. Lyon, III, p. 178.

1884. *Cyprinodon Sophiæ* TRISTRAM, Survey Western Palestine, p. 172.

1895. *Cyprinodon Sophiæ* GAILLARD, Arch. Mus. Lyon, VI, p. 7, fig. 4 à 6.

90 exemplaires. Ataïbé (à l'est de Damas).

Claude GAILLARD a montré également que le *Lebias punctatus* Heckel n'est que la femelle du *Lebias Sophiæ* du même auteur. Mes observations confirment cette manière de voir. Les individus à corps barré d'une dizaine de lignes argentées (9 à 11) sont des mâles; les spécimens au corps ponctué de brun, des femelles.

L'espèce habite la Perse, la Syrie et l'Asie-Mineure.

Famille des CICHLIDÆ.

Genre TILAPIA.

Tilapia Magdalenæ Lortet.

1883. *Chromis Magdalenæ* LORTET, Arch. Mus. Lyon, III, p. 146, pl. IX, fig. 2.

1884. *Chromis Magdalenæ* TRISTRAM, Survey Western Palestine, p. 167.

1899. *Tilapia Magdalenæ* BOULENGER, Proc. Zool. Soc. London, p. 120.

1904. *Tilapia Magdalenæ* PELLEGRIN, Mém. Soc. Zool. France, XVI, p. 320.

1 exemplaire jeune, Ataïbé (à l'est de Damas).

Cette espèce est, d'après LORTET, assez rare dans les lacs de Houleh et de Tibériade, mais fort commune dans les lacs marécageux à l'est de Damas.

C'est assurément la limite septentrionale atteinte par les Poissons de la famille des Cichlidés. Ceux-ci sont répandus dans toutes les eaux douces tropicales africaines et américaines. Un seul genre asiatique habite l'Inde et Ceylan, en dehors des formes de Palestine qui se rattachent à la faune africaine.

Le *Tilapia Magdalenæ* Lortet est excessivement voisin du *Tilapia Simonis* Günther du lac de Tibériade, et pratique comme lui l'incubation des œufs dans la gueule. Dans cette dernière espèce, contrairement à l'assertion de LORTET, ce n'est pas le mâle, mais bien au contraire, ainsi que je l'ai démontré, la femelle qui se charge des soins à sa progéniture. La dissection d'un spécimen de *Tilapia Simonis* Günther, envoyé par LORTET lui-même et ayant la gueule remplie d'œufs, ne laisse aucun doute à cet égard. Les ovaires très développés montrent qu'il s'agit d'une femelle. Mes observations, étendues à un grand nombre de Tilapies africaines, ont, depuis, été confirmées par divers auteurs.

EXPLICATION DES PLANCHES

Planche I.

Carte très simplifiée indiquant les principales localités de Syrie où Henri Gadeau de Kerville a fait des récoltes zoologiques en avril-juin 1908.

Planche II.

Carte de la distribution géographique des Poissons d'eau douce dans le monde (d'après A. Günther).

Planche III.

Fig. 1. — *Barbus barbulus* Heckel.
Fig. 2. — *Capoeta Barroisi* Lortet.

(1/2 environ de la grandeur naturelle).

Planche IV.

Fig. 1. — *Phoxinellus Kervillei* Pellegrin.
Fig. 2. — *Tylognathus nanus* Heckel.
Fig. 3. — *Barbus pectoralis* Heckel.

(Grandeur naturelle).

Planche V.

Fig. 1. — *Nemachilus panthera* Heckel var. *leopardus* Heckel.
Fig. 2. — *Cyprinodon Sophiæ* Heckel, femelle.
Fig. 3. — *Cyprinodon Sophiæ* Heckel, mâle.
Fig. 4. — *Cyprinodon cypris* Heckel, femelle.
Fig. 5. — *Cyprinodon cypris* Heckel, mâle.

(Grandeur naturelle).

ÉTUDE
SUR LES
BATRACIENS
ET LES
REPTILES
rapportés par M. Henri Gadeau de Kerville de son voyage zoologique en Syrie

(AVRIL-JUIN 1908)

(avec une planche lithographiée et deux figures dans le texte)

PAR

G. A. BOULENGER

Membre de la Société Royale de Londres
Correspondant de l'Institut de France

M. Henri GADEAU DE KERVILLE m'a confié l'examen des Batraciens et des Reptiles qu'il avait rapportés de Syrie. Les Batraciens étaient représentés par trois espèces et les Reptiles par vingt-quatre [1]. J'en ai fait l'étude suivante dont plusieurs causes ont retardé jusqu'alors la publication.

BATRACHIA.

ECAUDATA.

BUFONIDÆ.

Bufo viridis Laur.

Nombreux individus provenant de Homs, de Baalbek, de Damas et d'Ataïbé (à l'est de Damas).

(1) M. Henri GADEAU DE KERVILLE tenait à recueillir, pendant son voyage zoologique en Syrie, des animaux appartenant à des groupes très variés, ce qui explique pourquoi la collection herpétologique qu'il a rapportée n'est pas plus nombreuse.

HYLIDÆ.

Hyla arborea L. **var. Savignyi** Aud.

Nombreux individus capturés près du lac de Homs et dans la région verdoyante de Damas.

RANIDÆ.

Rana esculenta L. **var. ridibunda** Pall.

Une grande série provenant de la région et du lac de Homs, du lac de Yamouné (Liban), de la région verdoyante de Damas, d'Ataïbé (à l'est de Damas) et de la région de Djéroud (au nord-est de Damas).

Quelques individus sont exceptionnels par la brièveté du tibia qui (en chair) mesure moins de la moitié de la longueur du corps. Ces individus répondent à la définition de la *var. susana* Blgr., de Perse (Ann. and Mag. Nat. Hist., [7], XVI, 1905, p. 552), que je ne crois plus pouvoir séparer de la *var. ridibunda* Pall. De tels exemplaires rendent encore plus difficile la distinction du *Rana ridibunda* Pall. de la forme typique d'avec le *Rana esculenta* L., que certains auteurs considèrent comme spécifiquement distincts l'un de l'autre.

REPTILIA.

CHELONIA.

TESTUDINIDÆ.

Clemmys caspica Gm. **var. rivulata** Val.

Belle série, de tous âges, provenant d'Ataïbé (à l'est de Damas).

La plaque nuchale est souvent divisée en deux. Chez les tout jeunes (carapace mesurant 35 millimètres), les taches claires du plastron s'étendent en travers, formant des bandes oranges sur le fond noir du bouclier ventral.

Testudo ibera Pall.

Deux individus capturés près du lac de Homs.

LACERTILIA.

GECKONIDÆ.

Ptyodactylus lobatus Geoffr. **var. guttatus** Heyd.

Un jeune individu trouvé sous une pierre, à Doummar (près de Damas).

Hemidactylus turcicus L.

Un individu capturé à Berzé (près de Damas).

AGAMIDÆ.

Agama ruderata Oliv.

Un individu pris entre Homs et le lac de Homs: un autre trouvé sous une pierre, au djébel Kasioun (près de Damas); d'autres capturés aux environs de Damas et à Koutaïfé (au nord-est de Damas).

Agama stellio L.

Nombreux individus provenant de Broumana (Liban), de Baalbek, de la région verdoyante de Damas et de la région d'Ataïbé (à l'est de Damas).

LACERTIDÆ.

Lacerta viridis Laur. **var. strigata** Eichw.

Huit individus (mâles, femelles et jeunes) capturés près du lac de Homs, et un individu (mâle) pris entre Damas et Ataïbé (à l'est de Damas).

Le plus grand mâle mesure 130 millimètres du museau à l'anus, queue 270 millimètres; la plus grande femelle, 118 millimètres jusqu'à l'anus et 220 millimètres pour la queue.

Une série de 3 à 9 granules entre les plaques sus-oculaires et les sourcilières ; occipitale petite ou très petite, beaucoup plus courte que l'interpariétale ; tympanique distincte, séparée de la seconde sus-temporale par une ou deux séries d'écailles ; 44 à 50 écailles en travers du milieu du corps ; 6 séries longitudinales de plaques ventrales ; 15 à 20 pores fémoraux de chaque côté.

Ces individus rentrent bien dans la définition que j'ai donnée de la *var. strigata* Eichw. (*Catalogue of Lizards*, III, p. 17), mais s'écarte de celle proposée par Werner (Sitzb. Akad. Wien, CXI, I, 1902, p. 1070, et Zool. Jahrb., Syst., XIX, 1903, p. 341) en ce que la plaque tympanique ne touche pas à la seconde sus-temporale. Je constate pourtant que des six individus qui, par leur provenance (Elizabethpol, Helenendorf et Borshom, en Transcaucasie, et île de Achar-Adé, dans la mer Caspienne), représentent le *Lacerta strigata* Eichw. typique, un seul s'accorde sous ce rapport avec la définition de Werner. Par contre, sur huit individus de la côte sud de la mer Caspienne, en Perse (Coll. Woosnam), sept ont la plaque tympanique en contact avec la seconde sus-temporale.

Les jeunes sont noirâtres en dessus, avec cinq larges raies d'un blanc verdâtre et des taches blanchâtres arrondies sur les côtés du cou et du corps. Des traces plus ou moins nettes de cette livrée peuvent persister chez les adultes, qui sont verts, piquetés ou tachetés de noir ; des points noirs se voient souvent sur les côtés du ventre ou même sur tout le ventre, qui est jaune, ainsi que la gorge et le reste des faces inférieures.

Lacerta lævis Gray.

Une belle série d'individus provenant de la région verdoyante de Damas ; deux jeunes capturés à Baalbek et un jeune pris à Berzé (près de Damas).

Il n'est pas sans intérêt de relever les variations individuelles de l'écaillure chez une espèce qui, à l'époque des récoltes de M. Henri Gadeau de Kerville, n'était connue que par un nombre assez restreint d'individus. Sauf indication contraire, ces individus sont conformes à la définition de l'espèce donnée dans le *Catalogue of Lizards* (vol. III, p. 39).

(1)	1	2	3	4	5	6	7	OBSERVATIONS
Mâle	87	56	26	10	22	21	30	6 labiales antér. à gauche.
—	84	58	25	12	23	20-19	30	
—	83	60	25	12	22	19-18	31	8 rangées longit. de ventrales, les externes très petites.
—	80	58	26	12	22	24-22	31	4 labiales antérieures.
—	80	60	24	11	21	21	30	1 seule post-nasale à droite.
—	80	51	25	10	19	18-19	32	
—	80	54	25	12	22	21-20	30	
—	78	58	24	9	21	20-18	30	
—	78	53	25	13	22	24	33	
—	78	58	27	11	22	21-19	29	8 rangées longit. de ventrales, les externes très petites.
—	78	54	25	12	21	20	30	4 labiales antér. à gauche.
—	77	50	26	12	19	19-21	31	
—	77	59	25	12	24	22	32	
—	77	57	26	10	21	21-20	29	Pariétale touchant à la post-oculaire supérieure.
—	75	55	26	11	21	22-20	31	1 seule post-nasale à droite.
—	66	52	25	11	20	18-19	32	Pariétale touchant à la post-oculaire supér. à droite.

(1) 1. Longueur du museau à l'anus (en millimètres). — 2. Nombre d'écailles en travers du milieu du corps. — 3. Séries transversales de plaques ventrales. — 4. Plaques du collier. — 5. Séries transversales d'écailles entre le menton et le collier. — 6. Pores fémoraux (droite-gauche). — 7. Lamelles sous le quatrième orteil.

	1	2	3	4	5	6	7	OBSERVATIONS
Mâle	66	55	26	10	21	19-20	29	4 labiales antér. à droite.
	64	52	24	9	23	20-22	31	Pariétale touchant à la post-oculaire supérieure.
Femelle	87	54	29	10	23	19	30	
—	84	52	29	9	20	19-18	32	
—	83	49	28	9	21	19-20	30	
—	77	52	28	10	21	19	30	Pariétale touchant à la post-oculaire supérieure.
—	77	51	29	10	20	19	29	4 labiales antérieures.
—	76	52	27	9	20	19	31	4 labiales antér. à droite ; disque massétérique à peine distinct à droite.
—	76	53	29	10	20	19	32	6 labiales antér. à gauche.
—	76	51	27	13	23	19-20	29	
—	76	51	27	9	20	19	29	Occipitale plus courte que l'interpariétale.
—	75	52	29	11	22	18	32	Idem.
—	75	55	27	12	22	19	31	Occipitale plus courte que l'interpariétale.
—	74	53	27	12	22	18	32	Idem.
—	74	50	27	10	21	18-20	32	4 labiales antér. à gauche.
—	72	51	28	10	21	20-19	31	Occipitale plus courte que l'interpariétale.
—	72	51	29	11	18	20-19	30	Pariétale touchant à la post-oculaire supér. à droite.
—	68	57	27	10	20	18	30	
—	59	52	28	11	22	17-18	30	Occipitale plus courte que l'interpariétale.
—	58	52	27	12	23	21	31	Idem.
—	50	50	28	11	18	20-19	29	Idem. 4 labiales antérieures.
—	50	51	28	12	21	18-20	32	Occipitale plus courte que l'interpariétale ; pariétale touchant à la post-oculaire supérieure.

Il n'y a guère de différences sexuelles dans le dessin et la coloration. Le dessus du corps est d'un gris brun tantôt uniforme, tantôt semé de points ou de petites taches noires irrégulières, taches qui ont parfois une tendance à former un dessin réticulé. Une bande brun foncé ou noirâtre s'étend de chaque côté, depuis le bout du museau jusqu'à la base de la queue, mais elle peut être très indistincte ou se décomposer en taches isolées; elle se fond graduellement dans la teinte plus claire des flancs; ceux-ci, ainsi que le bord supérieur de la bande latérale foncée, sont souvent marqués de points blancs ou de grands ocelles blancs cerclés de noir, qui peuvent former trois ou quatre séries longitudinales de chaque côté du corps. Le dessus de la tête est immaculé; la lèvre supérieure est jaune, comme les régions inférieures; la gorge est parfois bleuâtre, mais je ne constate pas de taches bleues sur les côtés du ventre. La queue intacte est marquée de petites taches noires irrégulières; trois raies noirâtres s'étendent sur la queue régénérée.

On a beaucoup exagéré l'importance des proportions réciproques des plaques occipitale et interpariétale comme caractère propre à distinguer les espèces du genre *Lacerta*; et comme L. v. Méhely (Ann. Mus. Hung., VII, 1909, p. 425) s'est servi de ce caractère pour séparer le *Lacerta lævis* Gray d'autres espèces voisines, lui attribuant une occipitale beaucoup plus grande que l'interpariétale, je crois utile de figurer ici l'écaillure de la tête chez deux individus extrêmes (mâle et femelle adultes). On remarquera que la série de granules entre les plaques sourcilières et les sus-oculaires est incomplète chez ces deux individus, la première sourcilière étant en contact avec la seconde sus-oculaire; il en est très fréquemment ainsi chez le *Lacerta lævis* Gray, nouvel exemple du peu d'importance qu'il faut attacher à un caractère que Méhely invoque souvent à l'appui de ses distinctions d'espèces, et qu'il introduit même dans la définition du groupe *Archæolacertæ* (dont fait partie, selon lui, le *Lacerta lævis* Gray), qui aurait cette série de granules le plus souvent complète, c'est-à-dire s'étendant de la première à la quatrième sus-oculaire. Les différences que présentent ces deux individus, par rapport à la forme et aux proportions des plaques frontales et frontopariétales, méritent aussi de fixer l'attention,

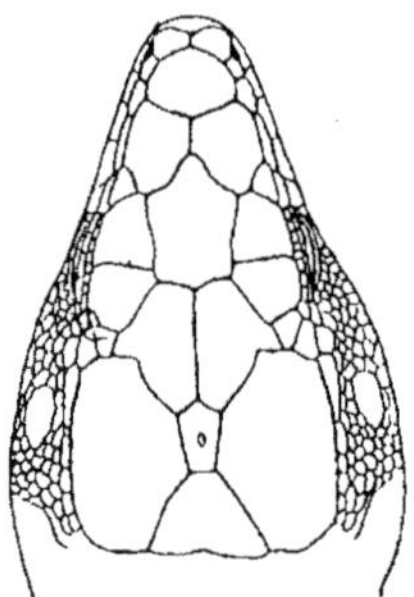
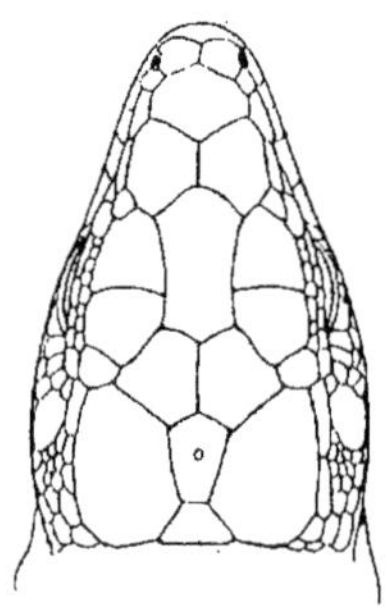

Fig. 1 et 2. — Têtes de *Lacerta lævis* Gray, mâle (à gauche) et femelle adultes, vues en dessus et grossies.

ne fût-ce que pour mettre en garde contre l'emploi de tels caractères dans la définition des espèces du genre *Lacerta*. La suture entre la première sourcilière et la seconde, souvent verticale, est parfois oblique. Enfin, il peut arriver, exceptionnellement, que les plaques pariétales ne soient en aucune façon entamées en avant pour recevoir la plaque supéro-temporale antérieure (elles ne présentent d'ailleurs jamais d'échancrure concave) et descendent sur la tempe, comme c'est la règle chez le *Lacerta muralis* Laur. typique. De tels individus répondent en tous points à la définition des *Neolacertæ* de Méhely.

M. Henri Gadeau de Kerville a rapporté un *Lacerta lævis* Gray, mâle adulte, capturé dans la région verdoyante de Damas, dont la queue, cassée dans sa partie basilaire, s'est régénérée et bifurquée. A l'état sec, la queue mesure 75 millimètres de l'anus à la bifurcation, et les deux branches ont une longueur de 67 et 44 millimètres.

Acanthodactylus grandis Blgr.

Pl. VI.

Boulenger, Ann. and Mag. Nat. Hist., [8], IV, 1909, p. 189; Bull. Soc. Zool. France, 1918, p. 148; et *Monograph of the Lacertidæ*, II, 1921, p. 113.

Museau court, tantôt obtus, tantôt assez pointu ; narines percées au centre d'un renflement assez prononcé. Forme lourde, trapue; membres courts. Quatre sus-oculaires, la première et la quatrième souvent divisées en petites plaques décomposées ou en plaques et granules; sous-oculaire n'atteignant pas la lèvre, reposant sur les quatrième et cinquième ou cinquième et sixième labiales supérieures ; écailles temporales granuleuses, non carénées; quatre ou cinq écailles coniques formant une assez forte dentelure au bord antérieur de l'oreille. Écailles dorsales très petites, granuleuses, très convexes mais non carénées, à peine plus grandes sur l'arrière du corps qu'en avant ; 58 à 64 écailles en travers du milieu du corps. Plaques ventrales peu ou point plus larges que longues, formant des rangées longitudinales très obliques et des rangées transversales angulaires au nombre de 29 à 32 ; au milieu du corps une série transversale comprend 16 ou 18 (rarement 14) plaques. Collier libre et fortement dentelé. Écailles préanales petites et subégales. Le membre postérieur replié en avant atteint l'aisselle ou l'épaule ; pied peu ou point plus long que la tête ; doigts et orteils courts, les premiers entourés de quatre séries d'écailles et lamelles, les seconds de trois ; dentelure latérale des orteils faible, les écailles qui la forment étant beaucoup plus courtes que le diamètre de la partie correspondante de l'orteil. 16 à 24 pores fémoraux de chaque côté. Queue mesurant environ une fois et demie la longueur du corps et de la tête, couverte en dessus d'écailles faiblement carénées, en dessous d'écailles lisses. Grisâtre ou roussâtre en dessus avec tout au moins des traces de huit séries longitudinales de taches noires sur des raies blanchâtres; sur la queue les taches noires forment des bandes transversales; des barres verticales foncées plus ou moins distinctes sur les côtés de la tête; parties inférieures blanches, lavées de jaune sur les membres et sur la queue.

Mensurations en millimètres :	Mâle.	Femelle.	Jeune.
Longueur totale.	265	?	?
Du museau à l'anus	103	95	63
Du museau au membre antérieur . .	40	35	22
Longueur de la tête (jusqu'à l'oreille). .	25	23	15
Largeur de la tête	20	18	10
Membre antérieur	33	31	21
Membre postérieur.	53	48	38
Pied	25	24	19
Queue	162	?	?

Sept individus ont été rapportés par M. Henri Gadeau de Kerville de la région de Djéroud (au nord-est de Damas), du voisinage du khân Ayach (entre Damas et Koutaïfé) et d'Ataïbé (à l'est de Damas). Ces sept individus sont conservés dans les collections du British Museum (Natural History) et du Muséum national d'Histoire naturelle de Paris.

L'*Acanthodactylus grandis* Blgr. est l'espèce la plus grande du genre; il est donc fort étonnant qu'elle ait échappé aux précédents naturalistes qui ont exploré la région de Damas. Certes, les jeunes ont pu être confondus avec l'*Acanthodactylus pardalis* Lichtenst. et l'*A. scutellatus* Aud., qui se rencontrent également en Syrie, mais l'adulte a une physionomie qui lui est propre, et sa taille seule aurait dû attirer l'attention. Le plus grand des Acanthodactyles connus antérieurement (l'*Acanthodactylus Tristrami* Günth.) ne mesure que 86 millimètres du museau à l'anus. C'est de l'*Acanthodactylus scutellatus* Aud. que l'espèce en question se rapproche le plus, mais elle s'en distingue très nettement par la forme plus lourde, le museau moins pointu, et surtout par le développement beaucoup moindre de la frange latérale des orteils.

La planche VI représente un mâle, vu en dessus et en dessous (a et b), et la tête du même, vue de profil (c), de grandeur naturelle; le quatrième orteil du même, grossi 3 fois (d); et la tête d'un autre mâle à museau plus pointu, vue en dessus (e), de grandeur naturelle.

Ophiops elegans Mén.

Un petit nombre d'individus provenant de Broumana (Liban), de Baalbek, de la vallée de la Békaa (Cœlésyrie), près de Baalbek, de Doummar et de Mezzé (près de Damas), d'Ataïbé (à l'est de Damas) et de Koutaïfé (au nord-est de Damas).

Le spécimen de Broumana, une femelle, est remarquable par la grandeur des écailles dorsales; il n'y a que 28 écailles autour du milieu du corps, ventrales comprises.

Eremias brevirostris Blanf.

Dix individus capturés dans la région de Djéroud (au nord-est de Damas) et un dans le voisinage du khân Ayach (entre Damas et Koutaïfé).

Les variations de cette espèce étant encore peu connues, il est bon de donner quelques indications sur ces onze individus (voir le tableau ci-après).

Décrite d'abord d'une petite île du golfe Persique et du Punjaub, cette espèce a été citée depuis de Syrie (M. G. Peracca, Boll. Mus. Torino, IX, 1894, n° 167, p. 8) et du sud de l'Arabie (J. Anderson, *Herp. Arabia*, 1896, p. 43). Les individus de Syrie se rapportent à la forme type par la taille, l'écaillure et la coloration, mais ceux d'Arabie, décrits minutieusement par John Anderson, constituent pour moi une espèce distincte pour laquelle j'ai proposé le nom de *Eremias adramitana* (Ann. and Mag. Nat. Hist., [8], XIV, 1917, p. 279, et *Monograph of the Lacertidæ*, II, 1921, p. 271), qui diffère par la tête plus aplatie, moins large, les membres plus grêles, les plaques ventrales constamment en 10 séries longitudinales et l'écaillure dorsale généralement moins fine.

(1)	1	2	3	4	5	6	7	8
Mâle	52	36	10	32	4	14-15	+	+
—	50	51	12	30	5	14	+	—
—	47	46	»	31	4	15	—	—
—	43	47	»	30	4	14	—	—
—	43	45	»	32	4	15-14	+	—
Femelle	55	42	»	34	4	16	+	—
—	51	42	»	33	4	16-15	[illegible]	—
—	51	47	»	33	4	11-12	+	+
—	49	43	»	33	4	14	—	—
—	48	45	»	34	4	12	+	—
—	45	49	»	32	4	14-15	+	—

Le mâle provenant de la région de Djéroud, qui se distingue des autres spécimens par la présence de 10 séries longitudinales de plaques ventrales, se rapproche, sous ce

(1) 1. Longueur du museau à l'anus (en millimètres). — 2. Nombre d'écailles en travers du milieu du corps. — 3. Séries longitudinales de plaques ventrales. — 4. Séries transversales de plaques ventrales. — 5. Sus-labiales antérieures. — 6. Pores fémoraux. — 7. Occipitale présente (+) ou absente (—). — 8. Sous-oculaire bordant (+) ou n'atteignant pas (—) la lèvre.

rapport, des *Eremias guttulata* Licht. et *E. adramitana* Blgr., mais il n'est pas le seul à présenter cette variation exceptionnelle, car il en est de même chez une femelle de Dasht, Bélouchistan.

SCINCIDÆ.

Mabuia vittata Oliv.

Cinq individus capturés dans la région de Djéroud (au nord-est de Damas).

Eumeces Schneideri Daud.

Un seul individu, jeune (80 millimètres du museau à l'anus), provenant de Mezzé (près de Damas).

24 écailles autour du corps. Huit séries longitudinales de taches rondes blanchâtres correspondant aux rangées d'écailles dorsales, quatre bandes foncées le long du dos et une ligne foncée de l'aisselle à l'aine.

RHIPTOGLOSSA.

CHAMÆLEONTIDÆ.

Chamæleon vulgaris Daud.

Broumana et Beit-Méri (Liban), Tekkiyé (Anti-Liban), région d'Ataïbé (à l'est de Damas) et région de Djéroud (au nord-est de Damas).

OPHIDIA.

TYPHLOPIDÆ.

Typhlops vermicularis Merr.

Deux individus provenant de la région verdoyante de Damas.

BOIDÆ.

Eryx jaculus L.

Deux individus capturés dans la vallée de la Békaa (Cœlésyrie), aux environs de Baalbek.

COLUBRIDÆ.

Tropidonotus tessellatus Laur.

Très nombreuse série d'échantillons provenant des localités suivantes : près du lac de Homs, près du lac de Yamouné (Liban), Baalbek, vallée de la Békaa (Cœlésyrie), aux environs de Baalbek, région verdoyante de Damas et région d'Ataïbé (à l'est de Damas).

Varie énormément dans le dessin et la coloration. Mentionnons seulement des individus d'un brun roussâtre, avec de fines stries transversales blanchâtres sur les côtés; d'autres d'un gris clair, avec quatre lignes longitudinales noires; d'autres encore très obscurcis par les taches noires qui, de chaque côté, sont confluentes en deux bandes longitudinales. Enfin, il y a des individus entièrement noirs.

Zamenis gemonensis Laur. **var. asianus** Boettg.

Un jeune capturé dans la région d'Ataïbé (à l'est de Damas).

Zamenis Dahlii Fitz.

Plusieurs individus provenant de Baalbek, de la vallée de la Békaa (Cœlésyrie), près de Baalbek, et de la région d'Ataïbé (à l'est de Damas).

Zamenis nummifer Reuss.

Un individu capturé entre Homs et Palmyre, d'après la personne qui l'a vendu à M. Henri Gadeau de Kerville.

Oligodon melanocephalus Jan.

Un individu trouvé sous une pierre, à Mezzé (près de Damas).

Contia decemlineata D. et B.

Un individu provenant de la région d'Ataïbé (à l'est de Damas).

Contia collaris Ménétr.

Deux individus capturés près du lac de Yamouné (Liban).

Cœlopeltis monspessulana Herm.

Un individu capturé près du lac de Homs.

EXPLICATION DE LA PLANCHE VI

Acanthodactylus grandis Blgr.

a. Mâle, vu en dessus, grandeur naturelle.

b. Le même, vu en dessous, grandeur naturelle.

c. Tête du même, côté gauche, grandeur naturelle.

d. Quatrième orteil du même, vu en dessous, grossi 3 fois.

e. Autre mâle, moins grand, tête vue en dessus, grandeur naturelle.

ÉTUDE

SUR LES

MAMMIFÈRES

rapportés par M. Henri Gadeau de Kerville de son voyage zoologique en Syrie

(AVRIL-JUIN 1908)

PAR

le Docteur E.-L. TROUESSART

Professeur de Zoologie au Muséum national d'Histoire naturelle de Paris

ET

Max KOLLMANN

Maître de Conférences de Zoologie à la Faculté des Sciences de Rennes

---

Les Mammifères que M. Henri Gadeau de Kerville a rapportés de son voyage zoologique en Syrie ne sont pas très nombreux (1), mais n'en sont pas moins intéressants comme provenant d'une région rarement explorée à ce point de vue par les voyageurs. Cette collection renferme plusieurs espèces nouvelles pour le Muséum, ou dont le laboratoire ne possédait pas encore de spécimens de ce pays.

Tous les spécimens sont dans l'alcool, à l'exception du *Putorius sarmaticus* (Pallas) qui est en peau, avec le crâne préparé à part.

Cette faune mammalogique appartient, par tous ses caractères, à la sous-région méditerranéenne. Elle est

(1) M. Henri Gadeau de Kerville tenait à recueillir, pendant son voyage zoologique en Syrie, des animaux appartenant à des groupes très variés, ce qui explique pourquoi il n'a rapporté qu'un petit nombre de Mammifères. Diverses causes ont retardé jusqu'alors la publication de cette étude les concernant.

intermédiaire entre la faune transcaucasique et des steppes eurasiatiques, étudiée par SATUNIN, et la faune de l'Égypte qui a fait l'objet d'un gros volume rédigé par ANDERSON; elle a aussi des rapports avec la faune de l'île de Chypre, que les recherches de Miss Dorothée BATE nous ont fait connaître (1905).

BIBLIOGRAPHIE.

1877. 1. DANFORD et ALSTON, *On the Mammals of Asia Minor* (Proc. Zool. Soc. London, 1877, p. 270-281).

1880. 2. DANFORD et ALSTON, *On the Mammals of Asia Minor*, Part II, (Proc. Zool. Soc. London, 1880, p. 50-64).

1884. 3. CANON TRISTRAM, *Fauna of Palestine*, 1 vol. in-4° avec planches coloriées (description de toutes les espèces).

1902. 4 et 5. NEHRING, *Die Geographische Verbreitung der Säugethiere in Palaestina und Syrien* (Globus, t. 81, p. 309-314); et idem, S.-B. Gesellsch. Naturf. Freunde zu Berlin, 1902, p. 77, 85, 123.

1906. 6 et 7. O. THOMAS, *New Insectivora and Voles collected near Trebizond* (Ann. and Mag. Nat. Hist., 1906, XVII, p. 415); et idem, *Three new Palearctic Mammals* (l. c., 1906, XVIII, p. 220).

Voici l'indication des dix espèces et de la sous-espèce de Mammifères rapportées de Syrie par M. Henri GADEAU DE KERVILLE :

CHIROPTÈRES.

Rhinolophus euryale Blasius, 1853.

Douze spécimens dans l'alcool.

Cette espèce intéressante, souvent confondue avec *Rhinolophus blasiusi* Peters qui a la même répartition géographique (le bassin de la Méditerranée), est signalée en Asie-Mineure, dans l'Europe au sud des Alpes et dans le nord de l'Afrique. Une colonie nombreuse a été découverte par Lataste dans le centre de la France (Saint-Paterne, département de la Sarthe). Matschie distingue plusieurs formes sous des noms particuliers : celle de Syrie est le *Rhinolophus* (*Euryale*) *judaicus* Andersen et Matschie, S.-B. Gesellsch. Naturf. Freunde zu Berlin, 1904, p. 80 (type de Jérusalem).

Djéroud (au nord-est de Damas).

Plecotus auritus (L.).

Un spécimen dans l'alcool.

L'Oreillard est répandu dans toute la région paléarctique, de l'Irlande au Japon et de l'Algérie au Népaul. On ne le trouve jamais en société nombreuse.

Djéroud (au nord-est de Damas).

Vespertilio (Pipistrellus) kuhli (Natterer).

Trois spécimens dans l'alcool.

Cette espèce remplace notre Pipistrelle dans la sous-région méditerranéenne. Elle s'en distingue facilement par le liseré blanc, très large sur les spécimens désertiques, qui borde la membrane de l'aile en arrière. Son aire de dispersion s'étend de l'Espagne et de l'Algérie au Turkestan et au Béloutchistan.

Djéroud (au nord-est de Damas).

Myotis myotis (Bechstein).

Vespertilio murinus des auteurs (mais non de Linné).

Deux spécimens dans l'alcool.

Cette grande espèce est largement répandue, du sud de l'Angleterre jusque dans l'Inde, et, en Afrique, jusqu'en Abyssinie, mais elle ne se trouve pas dans le nord de l'Europe, notamment en Suède.

Djéroud (au nord-est de Damas).

INSECTIVORES.

Erinaceus europæus concolor Martin.

Erinaceus concolor Martin, Proc. Zool. Soc. London, 1837, p. 102.

Un spécimen dans l'alcool.

Ce Hérisson, décrit comme une espèce à part par MARTIN, n'est en réalité qu'une sous-espèce asiatique de notre Hérisson d'Europe dont il diffère par ses teintes plus pâles et une tache blanche à la poitrine. Déjà le Hérisson de la péninsule des Balkans (Roumanie) (*Erinaceus europæus roumanicus* Barrett-Hamilton) indique un passage entre le type et la forme asiatique. L'espèce s'étend jusqu'en Chine et dans la Sibérie orientale.

Région verdoyante de Damas.

Erinaceus (Hemiechinus) auritus Gmelin, 1770.

Erinaceus auritus Gmelin, Nov. Comm. Sci. Petrop., 1770, XIV, (1), p. 519.

Quatre spécimens dans l'alcool.

Le Hérisson oreillard s'étend des steppes de la Russie sud jusque dans le Turkestan, et au sud du Caucase jusque dans la Mésopotamie et la Syrie, où il semble plus commun que le précédent.

Deux spécimens de Djéroud (au nord-est de Damas) et deux d'Ataïbé (à l'est de Damas).

CARNIVORES.

Putorius (**Vormela**) **sarmaticus** (Pallas).

Un spécimen en peau.

Ce joli Putois, à pelage élégamment marbré de brun et de blanc, forme, par son mode de coloration, le passage entre les Putois du Nord à pelage uniforme, simplement ondé ou lavé de gris, de jaune et de brun, et les Zorilles africains régulièrement rayés sur le dos. C'est en partie sur ce caractère que Blasius, en 1884, a basé son genre ou sous-genre *Vormela*, car la dentition présente très peu de différences. Ce Putois habite le sud de la Russie, le Turkestan et l'Asie-Mineure.

Le spécimen a été acheté vivant et l'indication exacte de sa provenance n'a pu être obtenue.

RONGEURS.

Mus norwegicus Erxleben.

Mus decumanus des auteurs.

Quatre spécimens dans l'alcool.

C'est notre Rat d'égout, répandu actuellement sur toute la surface du globe.

Région de Damas.

Mus musculus L.

Onze spécimens dans l'alcool.

La Souris domestique, également cosmopolite.

Région de Damas.

Microtus guentheri Danford et Alston.

Quatre spécimens dans l'alcool.

Ce Campagnol, qui appartient au même groupe que notre

Campagnol des champs [*Microtus arvalis* (Pallas)], paraît propre à cette région de l'Asie occidentale. Il n'a encore été signalé qu'en Syrie et dans la Transcaucasie.

A côté de la mare d'Addous, dans la vallée de la Békaa (Cœlésyrie), près de Baalbek.

Spalax ehrembergi Nehring.

Spalax typhlus, part., TRISTRAM, *Fauna Palestine*, 1884, p. 14, pl. V; *Spalax ehrembergi* NEHRING, S.-B. Gesellsch. Naturf. Freunde zu Berlin, 1898, p. 4, f. 2 *b*, crâne.

Deux spécimens dans l'alcool.

Cette espèce, confondue par TRISTRAM avec l'espèce du sud de la Russie, a été distinguée par NEHRING, en 1898, dans le mémoire sus-indiqué. D'après cet auteur et MILLER (1903), il y aurait en Syrie jusqu'à trois espèces de ce genre. Les caractères des spécimens rapportés par M. Henri GADEAU DE KERVILLE correspondent à la présente espèce.

Un spécimen de la région de Baalbek et l'autre de la région verdoyante de Damas.

ERRATUM

Page 61, lignes 4 et 5.

Lire : Saint-Paterne, département d'Indre-et-Loire,
au lieu de : Saint-Paterne, département de la Sarthe.

ROUEN

IMPRIMERIE LECERF FILS

1923

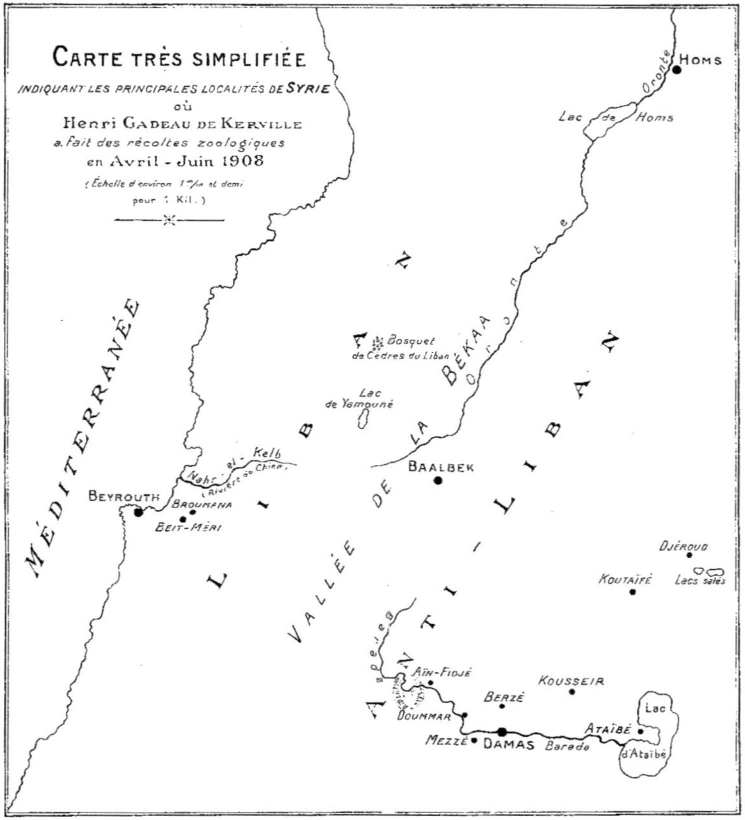

Carte très simplifiée

Indiquant les principales localités de Syrie
où
Henri Gadeau de Kerville
a fait des récoltes zoologiques
en Avril - Juin 1908
(Échelle d'environ 1m/m et demi pour 1 Kil.)

Méditerranée
Beyrouth
Broumana
Beit-Méri
Nahr-el-Kelb
(Rivière du Chien)
Liban
Bosquet de Cèdres du Liban
Lac de Yamouné
Vallée de la Bekaa
Oronte
Baalbek
Lac de Homs
Homs
Anti-Liban
Djéroud
Koutaïfé
Lacs salés
Barada
Aïn-Fidjé
Doummar
Berzé
Kousseir
Mezzé
Damas
Ataïbé
Lac d'Ataïbé

Pl. II.

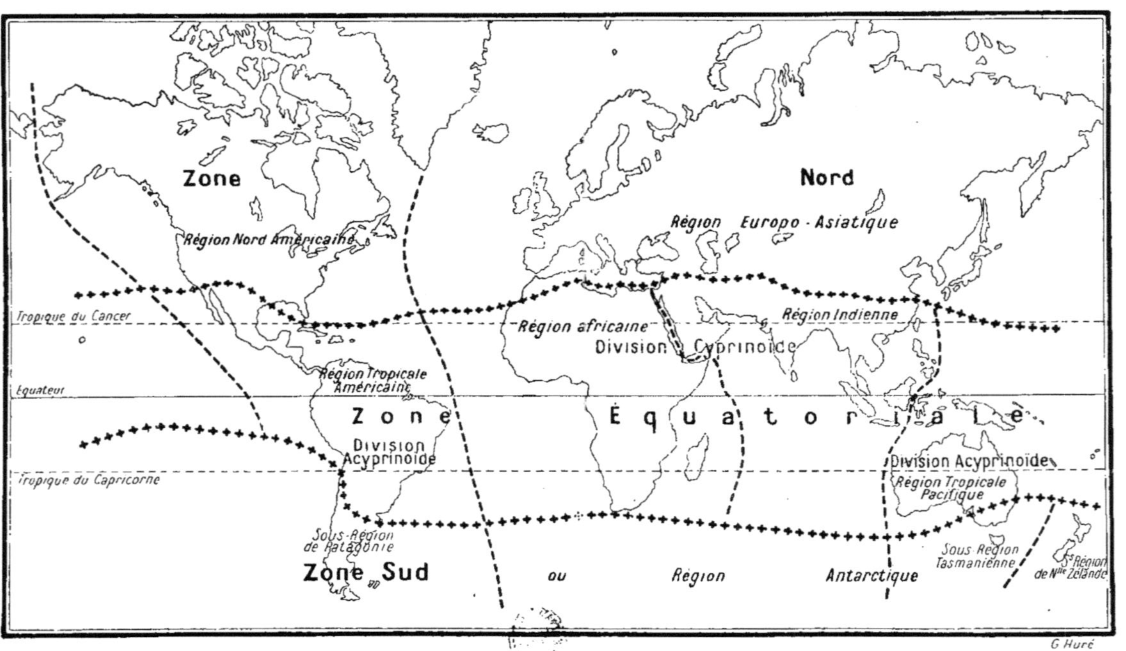

Carte de la distribution géographique des Poissons d'eau douce dans le monde (d'après A. Günther).

Pl. III.

BIDEAULT del. et lith.

Fig. 1. — *Barbus barbulus* Heckel.
Fig. 2. — *Capoeta Barroisi* Lortet.
(1/2 environ de la grandeur naturelle).

J. PELLEGRIN dir.

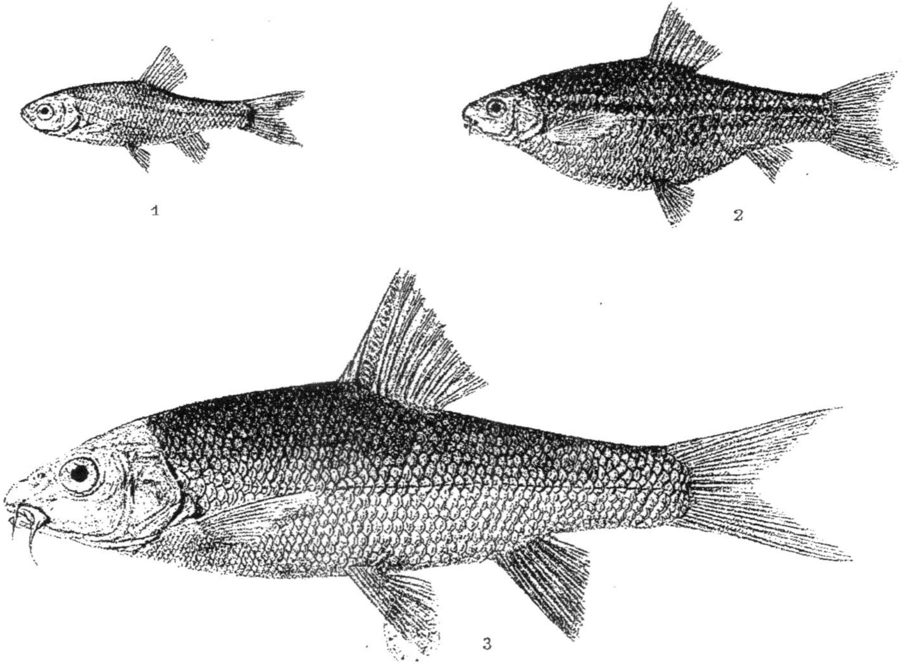

1

2

3

BIDEAULT del. et lith.

Fig. 1. — *Phoxinellus Kervillei* Pellegrin.
Fig. 2. — *Tylognathus nanus* Heckel.
Fig. 3. — *Barbus pectoralis* Heckel.
(Grandeur naturelle)

J. PELLEGRIN dir.

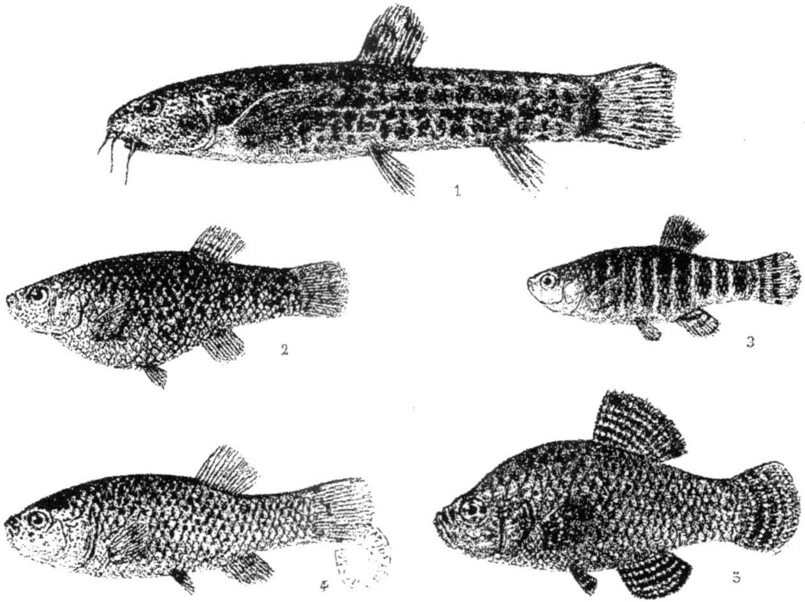

1

2

3

4

5

BIDEAULT del. et lith.

J. PELLEGRIN dir.

Fig. 1. — *Nemachilus panthera* Heckel var. *leopardus* Heckel.
Fig. 2 et 3. — *Cyprinodon Sophiæ* Heckel, femelle et mâle.
Fig. 4 et 5. — *Cyprinodon cypris* Heckel, femelle et mâle.

(Grandeur naturelle).

Pl. VI.

James GREEN del. et lith.

Acanthodactylus grandis Blgr.

www.ingramcontent.com/pod-product-compliance
Ingram Content Group UK Ltd.
Pitfield, Milton Keynes, MK11 3LW, UK
UKHW022117260726
13993UKWH00003B/1082

9 782329 207193